高炉炼铁设计原理

郝素菊　蒋武锋　方　觉　编著

北京

冶金工业出版社

2012

内 容 简 介

全书共分 10 章，系统介绍了高炉炼铁车间设计、高炉本体设计、高炉车间原料供应系统、炉顶装料设备、送风系统、喷吹煤粉系统、煤气处理系统、渣铁处理系统、能源回收利用等方面的主要工艺流程、设备工作原理、设备选型及工艺参数的计算与选择等，较全面地反映了目前国内外炼铁技术的发展动向。

本书可作为高等学校冶金工程专业本科、专科教材，也可供继续工程教育、函授、钢铁冶金设计人员及现场技术人员参考。

图书在版编目(CIP)数据

高炉炼铁设计原理/郝素菊等编著.—北京：冶金工业出版社，2003.1（2012.5 重印）

ISBN 978-7-5024-3102-0

Ⅰ.高… Ⅱ.郝… Ⅲ.高炉炼铁—设计 Ⅳ.TF53

中国版本图书馆 CIP 数据核字(2002)第 079363 号

出 版 人　曹胜利
地　　址　北京北河沿大街嵩祝院北巷 39 号，邮编 100009
电　　话　(010)64027926　电子信箱　yjcbs@cnmip.com.cn
责任编辑　王之光　美术编辑　李　新
责任校对　刘　倩　责任印制　李玉山
ISBN 978-7-5024-3102-0

三河市双峰印刷装订有限公司印刷；冶金工业出版社出版发行；各地新华书店经销
2003 年 1 月第 1 版，2012 年 5 月第 7 次印刷
787mm×1092mm　1/16；11.5 印张；272 千字；169 页
28.00 元

冶金工业出版社投稿电话：(010)64027932　投稿信箱：tougao@cnmip.com.cn
冶金工业出版社发行部　电话：(010)64044283　传真：(010)64027893
冶金书店　地址：北京东四西大街 46 号(100010)　电话：(010)65289081(兼传真)
（本书如有印装质量问题，本社发行部负责退换）

序

21世纪是一个信息时代。信息技术的快速发展，给人们日常生活、科学研究等方面带来了极大的便利，计算机连接上 Internet，也就连接上了整个世界。网络为人们开拓了一个没有地域限制的交际空间，提供了一个自由、开放、轻松、平等的交际环境，创造了一个虚拟而又实在的网络社会。但是，信息技术不能包揽一切。我们还是生活在物质社会，人们要吃饭、穿衣，要建工厂，要生产更多的产品来满足日益增长的物质需要，要建高速公路来改善交通，要建房子来改善居住状况，钢铁材料作为社会发展和人们生活的重要物质仍是必不可少的。

地壳中铁元素的蕴藏量比较丰富，约占 5%，且提取制备工艺成熟，易与其他元素形成各种合金满足不同性能的需要，价格低廉，可回收性强，因此钢铁在国民经济中一直是最重要的材料之一。

20世纪是世界钢铁工业大发展的世纪。全球钢产量由1900年的2850万 t增加到2000年的8.43亿 t。20世纪前半叶，世界钢铁工业中心是英国；二次世界大战之中及在战后的20年间，钢铁工业头号强国转向了美国与前苏联；自20世纪70年代中后期起，日本在世界钢铁生产中又处于领先地位。世界钢铁工业发展势头由欧洲转向美洲，又转向亚洲。21世纪国际钢铁工业的发展重点将由发达国家向发展中国家转移。

我国自1996年粗钢产量突破1亿 t以来，连续稳居第一产钢国的位置。2001年我国产钢量为14892.72万 t。由于市场需求的拉动，炼钢能力的发展，2001年我国生铁产量为14540.96万 t。虽然多年来我国生铁产量居世界第一位，但我们应该看到与世界先进国家的差距。目前，我国正在生产的高炉有三千三百多座。近年来，由于生铁铁水供不应求，价格上涨，一些本应该淘汰的100m³ 容积以下的小高炉，又开始生产。应当承认，小高炉的发展现状，一定程度上阻碍了我国高炉大型化进程。

在21世纪，我国高炉炼铁将继续在结构调整中发展。高炉结构调整不能简单地概括为大型化，应该根据企业生产规模、资源条件来确定高炉炉容。从目前的我国实际状况看，高炉座数必须大大减少，平均炉容大型化是必然趋势。高炉大型化，有利于提高劳动生产率、便于生产组织和管理，提高铁水质量，有利于减少热量损失、降低能耗，减少污染点，污染容易集中治理，有利于环保。所有这一切都有利于降低钢铁厂的生产成本，提高企业的市场竞争力。

高炉大型化后，一个钢厂的高炉座数将减至 2～3 座，一座高炉大修将使钢厂的产量减少 1/2～1/3，这时高炉长寿就显得尤其重要。我们所讲的长寿指的是稳定高产、"健康"的长寿。目前，我国高炉一代寿命中包括若干次中修，即更换风口以上的砖衬和冷却设备（有时连炉缸砖也更换，只保留炉底砖不动）。这种中修方式，不仅减少了高炉的有效作业时间，而且浪费大量的耐火材料、设备和人力物力。

20 世纪科学技术进步推动了人类社会的工业化进程，大规模生产创造了空前丰富的工农业产品，人类社会生活水平大幅度提高。大规模生产必然大量消耗自然资源，并产生大量废弃物和垃圾，这对人类的生活环境造成危害。人们认识到人类赖以生存的地球只有一个，自然资源是有限的，人类社会要想持续地延续下去，必须学会与地球和谐相处，人类生产和消费必须走持续发展的道路。

21 世纪钢铁工业走可持续发展之路，就是不再增加对地球环境的负荷，努力减少钢铁工业的资源消耗，对生产进程中的排出物实行无害化、再资源化处理。炼铁系统能耗占整个钢铁工业总能耗的 60%～70%，炼铁系统应当承担全行业节能、降耗的重任。高炉炼铁走可持续发展的重要步骤就是降低资源消耗（包括能源消耗）。

由于我国已经加入世界贸易组织，世界经济的格局将发生重大变化，外商投资将保持良好的增长态势，世界机械制造业、化工业的重心将加快向我国转移，入世受益行业发展速度将有所加快，这将加大国内钢材需求。在钢材消费增加的同时，消费结构将保持多层次、多样化，并逐步向高层次演化。21 世纪，随着经济的日益全球化，竞争不断加剧，21 世纪的我国钢铁行业既有前所未有的发展机遇，又面临严峻的挑战。

第一作者郝素菊同志 1992 年硕士毕业后到设计院从事炼铁设计工作，于1999 年调入河北理工学院从事"炼铁设计原理"的教学工作。该同志治学严谨，多年来积累了大量的第一手资料，在该书的编著期间走访调研了多家大中型钢铁企业，花费了大量的精力，收集了近几年来高炉炼铁设备发展的最新成果，涉及面广，内容详实。相信该书对于我国钢铁企业、设计研究单位和大专院校等方面的有关人士有很好的参考价值。也相信，该书能为我国高炉炼铁向高产、优质、低耗、长寿和环境良好的发展目标前进做出积极的贡献。

张玉柱

目　录

1 高炉炼铁设计概述

1.1 高炉炼铁生产工艺流程

高炉炼铁是用还原剂（焦炭、煤等）在高温下将铁矿石或含铁原料还原成液态生铁的过程。其生产工艺流程如图1-1所示。

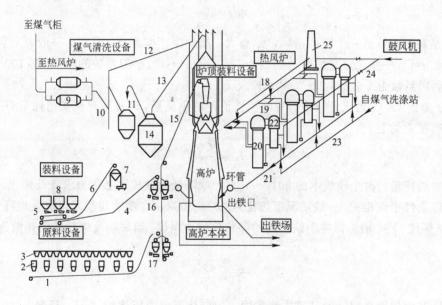

图1-1 高炉炼铁生产工艺流程

1—矿石输送皮带机；2—称量漏斗；3—贮矿槽；4—焦炭输送皮带机；5—给料机；6—粉焦输送皮带机；7—粉焦仓；8—贮焦槽；9—电除尘器；10—调节阀；11—文氏管除尘器；12—净煤气放散管；13—下降管；14—重力除尘器；15—上料皮带机；16—焦炭称量漏斗；17—矿石称量漏斗；18—冷风管；19—烟道；20—蓄热室；21—热风主管；22—燃烧室；23—煤气主管；24—混风管；25—烟囱

高炉本体是冶炼生铁的主体设备，它是由耐火材料砌筑的竖立式圆筒形炉体，最外层是由钢板制成的炉壳，在炉壳和耐火材料之间有冷却设备。

要完成高炉炼铁生产，除高炉本体外，还必须有其它附属系统的配合，它们是：

（1）供料系统：包括贮矿槽、贮焦槽、称量与筛分等一系列设备，主要任务是及时、准确、稳定地将合格原料送入高炉。

（2）送风系统：包括鼓风机、热风炉及一系列管道和阀门等，主要任务是连续可靠地供给高炉冶炼所需热风。

（3）煤气除尘系统：包括煤气管道、重力除尘器、洗涤塔、文氏管、脱水器等，主要任务是回收高炉煤气，使其含尘量降至 $10mg/m^3$ 以下，以满足用户对煤气质量的要求。

（4）渣铁处理系统：包括出铁场、开铁口机、堵渣口机、炉前吊车、铁水罐车及水冲渣设备等，主要任务是及时处理高炉排放出的渣、铁，保证高炉生产正常进行。

（5）喷吹燃料系统：包括原煤的储存、运输、煤粉的制备、收集及煤粉喷吹等系统，主要任务是均匀稳定地向高炉喷吹大量煤粉，以煤代焦，降低焦炭消耗。

1.2 高炉生产主要技术经济指标

衡量高炉炼铁生产技术水平和经济效果的技术经济指标，主要有：

（1）高炉有效容积利用系数（η_V）。高炉有效容积利用系数是指每昼夜、每 $1m^3$ 高炉有效容积的生铁产量，即高炉每昼夜的生铁产量 P 与高炉有效容积 $V_有$ 之比：

$$\eta_V = \frac{P}{V_有} \tag{1-1}$$

η_V 是高炉冶炼的一个重要指标，η_V 愈大，高炉生产率愈高。目前，一般大型高炉超过 $2.0t/(m^3 \cdot d)$，一些先进高炉可达到 $2.2 \sim 2.3t/(m^3 \cdot d)$。小型高炉的 η_V 更高，$100 \sim 300m^3$ 高炉的利用系数为 $2.8 \sim 3.2t/(m^3 \cdot d)$。

（2）焦比（K）。焦比是指冶炼每吨生铁消耗的焦炭量，即每昼夜焦炭消耗量 Q_K 与每昼夜生铁产量 P 之比：

$$K = \frac{Q_K}{P} \tag{1-2}$$

焦炭消耗量约占生铁成本的 $30\% \sim 40\%$，欲降低生铁成本必须力求降低焦比。焦比大小与冶炼条件密切相关，一般情况下焦比为 $450 \sim 500kg/t$，喷吹煤粉可以有效地降低焦比。

（3）煤比（Y）。冶炼每吨生铁消耗的煤粉量称为煤比。当每昼夜煤粉的消耗量为 Q_Y 时，则：

$$Y = \frac{Q_Y}{P} \tag{1-3}$$

喷吹其它辅助燃料时的计算方法类同，但气体燃料应以体积（m^3）计量。

单位质量的煤粉所代替的焦炭的质量称为煤焦置换比，它表示煤粉利用率的高低。一般煤粉的置换比为 $0.7 \sim 0.9$。

（4）冶炼强度（I）。冶炼强度是每昼夜、每 $1m^3$ 高炉有效容积燃烧的焦炭量，即高炉一昼夜焦炭消耗量 Q_K 与有效容积 $V_有$ 的比值：

$$I = \frac{Q_K}{V_有} \tag{1-4}$$

冶炼强度表示高炉的作业强度，它与鼓入高炉的风量成正比，在焦比不变的情况下，冶炼强度越高，高炉产量越大，当前国内外大型高炉一般为 1.05 左右。

（5）生铁合格率。化学成分符合国家标准的生铁称为合格生铁，合格生铁占总产生铁量的百分数为生铁合格率。它是衡量产品质量的指标。

（6）生铁成本。生产 $1t$ 合格生铁所消耗的所有原料、燃料、材料、水电、人工等一切费用的总和，单位为元/t。

（7）休风率。休风率是指高炉休风时间占高炉规定作业时间的百分数。休风率反映高炉设备维护的水平,先进高炉休风率小于1％。实践证明,休风率降低1％,产量可提高2％。

(8) 高炉一代寿命。高炉一代寿命是从点火开炉到停炉大修之间的冶炼时间,或是指高炉相邻两次大修之间的冶炼时间。大型高炉一代寿命为10~15年。

判断高炉一代寿命结束的准则主要是高炉生产的经济性和安全性。如果高炉的破损程度已使生产陷入效率低、质量差、成本高、故障多、安全差的境地,就应考虑停炉大修或改建。衡量高炉炉龄的指标有两条,一是高炉的炉龄,二是一代炉龄内单位容积的产铁量。

1.3　高炉炼铁设计的基本原则

1.3.1　高炉炼铁设计应遵循的基本原则

高炉炼铁设计应该保证新建的高炉车间工艺布置合理、技术经济指标先进、设备有较高的机械化、自动化水平,有安全和尽可能舒适的劳动条件,有可靠而稳定的环境保护措施。高炉炼铁设计应遵循的基本原则有:

(1) 合法性。设计原则和设计方案的确定,应当符合国家工业建设的方针和政策。

(2) 客观性。设计所选用的指标和技术方案应以客观的数据为依据,做出的设计经得起全面的客观的评审,保证所采用的方案有坚实的基础,并且能成功地付诸实践。

(3) 先进性。设计应反映出最近在该领域里的成就,并应考虑到发展趋势。

(4) 经济性。在厂址、产品、工艺流程等多方案的比较中,选择最经济的方案,使得单位产品投资最低、成本最低、经济效益最佳。

(5) 综合性。在设计过程中,各部分的设计方案要互相联系,局部方案应与总体方案相一致,各专业的设计应服从工艺部分。

(6) 发展远景。要考虑车间将来发展的可能性,适当保留车间发展所需的土地、交通线和服务设施。

(7) 安全和环保。保证各领域和工作岗位都能安全生产,不受污染,力争做到"场外看不到烟,场内听不到声",排出的废水、废气应达到国家环保法的要求。

(8) 标准化。在设计中尽可能采用各种标准设计,这样可减小设计工作量和缩短建设周期。

(9) 美学原则。车间和工作环境具有良好的布局和较好的劳动条件。在厂内应具有排列美观、色彩明快、安全宜人的环境,以减少疲乏和提高劳动生产率。

1.3.2　钢铁厂的组成

钢铁厂一般包括炼铁、炼钢、轧钢3个车间,如果再加上矿石准备车间和焦化车间,这个工厂就称为钢铁联合企业。只有炼钢和轧钢车间组成的工厂叫做钢铁加工厂。

钢铁联合企业是一个完整生产过程的组合体,在经济上是最合理的,可以保证较低的产品成本,在技术上可以合理利用资源、能源及本企业的各种副产品。因此,一般大型企业都建成钢铁联合企业。它与不完整的冶金工厂和加工厂比较,具有以下优点:

(1) 运输费用低廉。如炼钢或轧钢所需要的原材料均由本厂直接供应,这样可节省大量运输费用。

(2) 在生产中可以采用热装,因而可以节约燃料、提高产量。

(3) 能充分利用本企业的副产品。如将高炉煤气、焦炉煤气或焦油供给本企业其它熔炼炉或加热炉作为燃料。

（4）联合企业设有许多辅助设施，如发电站、水站及各种加工厂等，这样可以充分保证本企业生产的正常进行，不致受外界因素的影响。

1.4　高炉炼铁设计程序和内容

高炉炼铁设计的基本程序是有强约束作用的法定程序。一般要经过以下几个阶段：提出项目建议书及设计任务书；进行项目可行性研究；审批可行性研究报告；进行初步设计；审批初步设计；进行施工图设计；施工建设；竣工验收；交付使用。

建设项目一经决策，并确定建设地点后，即由建设单位委托有资格的设计部门进行设计。设计的根据是经过批准的设计任务书。

设计工作分3个阶段进行，依次为可行性研究、初步设计和施工图设计。设计的不同阶段有不同的要求。

可行性研究的主要内容应包括：设计的指导思想；建设规模；产品方案；总体布置；项目构成；工艺流程；占地面积和土地利用情况；工程投资概算等。

初步设计的内容要比可行性研究报告的内容更详细，更具体，除包涵可研内容外，还应包括主要设备选型和设备数量，公用设施和辅助设施，占地面积和土地利用情况，生产组织和劳动定员，工艺布置图，主要建筑材料用量，环境保护措施及消防设施，工程投资预算及设备回收期等等。

初步设计批准后才能做施工图设计。施工图设计就是要绘制出建设施工所必需的一切图纸和文件，包括工艺布置、建筑物、设备制造、安装、试车等所必需的所有施工图纸和施工说明，各种钢材用量、原材料消耗等等。

在施工过程中，发现设计错误应由设计单位及时修改，修改后给施工单位发变更通知单，然后按照变更内容进行施工。

1.5　高炉炼铁厂的厂址选择

确定厂址要做多方案比较，选择最佳者。厂址选择的合理与否，不仅影响建设速度和投资，也影响到投产后的产品成本和经济效益，必须十分慎重。厂址选择应考虑以下因素：

（1）要考虑工业布局，有利于经济协作；

（2）合理利用地形设计工艺流程，简化工艺，减少运输量，节省投资；

（3）尽可能接近原料产地及消费地点，以减小原料及产品的运输费用；

（4）地质条件要好，地层下不能有有开采价值的矿物，也不能是已开采区；

（5）水电资源要丰富，高炉车间要求供水、供电不得间断，供电要双电源；

（6）尽量少占良田；

（7）厂址要位于居民区主导风向的下风向或侧风向。

2 高炉炼铁车间设计

在钢铁联合企业中，高炉炼铁车间占有重要地位。在总平面布置中，高炉炼铁车间位置应靠近原、燃料供应车间和成品生铁使用车间，务必使物料流程短捷合理。

2.1 高炉座数及容积的确定

高炉炼铁车间建设高炉的座数，既要考虑尽量增大高炉容积，又要考虑企业的煤气平衡和生铁量的均衡，所以一般根据车间规模，由两座或三座高炉组成为宜。

2.1.1 生铁产量的确定

设计任务书中规定的生铁年产量是确定高炉车间年产量的依据。

如果任务书给出多种品种生铁的年产量如制钢铁与铸造铁，则应换算成同一品种的生铁。一般是将铸造铁乘以换算系数，换算为同一品种的制钢铁，求出总产量。折算系数与铸造铁的硅含量有关，详见表 2-1。

表 2-1　折算系数与铸造铁含硅量的关系

铸铁代号	Z15	Z20	Z25	Z30	Z35
Si/%	1.25～1.75	1.75～2.25	2.25～2.75	2.75～3.25	3.25～3.75
折算系数	1.05	1.10	1.15	1.20	1.25

如果任务书给出钢锭产量，则需要做出金属平衡，确定生铁年产量。首先算出钢液消耗量，这时要考虑浇注方法、喷溅损失和短锭损失等，一般单位钢锭的钢液消耗系数为 1.010～1.020。再由钢液消耗量确定生铁年产量。吨钢的铁水消耗取决于炼钢方法、炼钢炉容大小、废钢消耗等因素，一般为 1.050～1.10t，技术水平较高，炉容较大的选低值；反之，取高值。

2.1.2 高炉炼铁车间总容积的确定

计算得到的高炉炼铁车间生铁年产量除以年工作日，即得出高炉炼铁车间日产量(t)，即：

$$高炉炼铁车间日产量 = \frac{年产量}{年工作日}$$

高炉年工作日一般取日历时间的 95%。

根据高炉炼铁车间日产量和高炉有效容积利用系数可以计算出高炉炼铁车间总容积（m³）：

$$高炉炼铁车间总容积 = \frac{日产量}{高炉有效容积利用系数}$$

高炉有效容积利用系数一般直接选定。大高炉选低值，小高炉选高值。利用系数的选择应该既先进又留有余地，保证投产后短时间内达到设计产量。如果选择过高则达不到预定的生产量，选择过低则使生产能力得不到发挥。

2.1.3　高炉座数的确定

高炉炼铁车间的总容积确定之后就可以确定高炉座数和一座高炉的容积。设计时，一个车间的高炉容积最好相同。这样有利于生产管理和设备管理。

高炉座数要从两方面考虑，一方面从投资、生产效率、管理等方面考虑，数目越少越好；另一方面从铁水供应、高炉煤气供应的角度考虑，则希望数目多些。确定高炉座数的原则应保证在 1 座高炉停产时，铁水和煤气的供应不致间断。过去钢铁联合企业中高炉数目较多，如鞍钢 10 座以上。近年来随着管理水平的提高，新建企业一般只有 2～3 座高炉，如宝钢现有 3 座高炉。

2.2　高炉炼铁车间平面布置

高炉炼铁车间平面布置的合理性，关系到相邻车间和公用设施是否合理，也关系到原料和产品的运输能否正常连续进行，设施的共用性及运输线、管网线的长短，对产品成本及单位产品投资有一定影响。因此规划车间平面布置时一定要考虑周到。

2.2.1　高炉炼铁车间平面布置应遵循的原则

合理的平面布置应符合下列原则：

(1) 在工艺合理、操作安全、满足生产的条件下，应尽量紧凑，并合理地共用一些设备与建筑物，以求少占土地和缩短运输线、管网线的距离。

(2) 有足够的运输能力，保证原料及时入厂和产品（副产品）及时运出。

(3) 车间内部铁路、道路布置要畅通。

(4) 要考虑扩建的可能性，在可能条件下留一座高炉的位置。在高炉大修、扩建时施工安装作业及材料设备堆放等不得影响其它高炉正常生产。

2.2.2　高炉炼铁车间平面布置形式

高炉炼铁车间平面布置形式根据铁路线的布置可分为以下 4 种：

(1) 一列式布置。一列式高炉平面布置如图 2-1 所示，其主要特点是：高炉与热风炉在

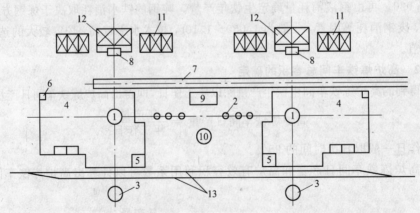

图 2-1　一列式高炉平面布置图

1—高炉；2—热风炉；3—重力除尘器；4—出铁场；5—高炉计器室；6—休息室；7—水渣沟；
8—卷扬机室；9—热风炉计器室；10—烟囱；11—贮矿槽；12—贮焦槽；13—铁水罐车停放线

同一列线，出铁场也布置在高炉列线上成为一列，并且与车间铁路线平行。这种布置可以共用出铁场和炉前起重机，共用热风炉值班室和烟囱，节省投资；热风炉距高炉近，热损失少。但是运输能力低，在高炉数目多，产量高时，运输不方便，特别是在一座高炉检修时车间调度复杂。

（2）并列式布置。并列式高炉平面布置如图 2-2 所示，其主要特点是：高炉与热风炉分设于两条列线上，出铁场布置在高炉列线，车间铁路线与高炉列线平行。这种布置可以共用一些设备和建筑物，节省投资；高炉间距离近。但是热风炉距高炉远，热损失大，并且热风炉靠近重力除尘器，劳动条件不好。

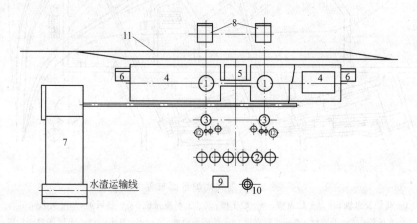

图 2-2　并列式高炉平面布置图

1—高炉；2—热风炉；3—重力除尘器；4—出铁场；5—高炉计器室；6—休息室；7—水渣池；8—卷扬机室；9—热风炉计器室；10—烟囱；11—铁水罐车停放线；12—洗涤塔

（3）岛式布置。岛式高炉平面布置如图 2-3 所示，每座高炉和它的热风炉、出铁场、铁水罐车停放线等组成一个独立的体系，并且铁水罐车停放线与车间两侧的调度线成一定的交角，角度一般为 11°～13°。岛式布置的铁路线为贯通式，空铁水罐车从一端进入炉旁，装满铁水的铁水罐车从另一端驶出，运输量大，并且设有专用辅助材料运输线。但是高炉间距大，管线长；设备不能共用，投资高。

现代高炉炼铁车间的特点是高炉数目少，容积大。为了适应这种大型高炉的需要，岛式布置又有了新的发展如图 2-4 所示。这种布置采用皮带机上料、圆形出铁场，高炉两侧各有两条铁水罐车停放线，配用大型混铁炉式铁水罐车和摆动流嘴。在炉子两侧还各有一套炉前水冲渣设施，水渣外运用皮带机。前苏联新里别斯克的 3200m³ 高炉和我国武钢 4 号高炉的布置均与此相似。

（4）半岛式布置。半岛式布置是岛式布置与并列式布置的过渡，高炉和热风炉列线与车间调度线间的交角增大到 45°，因此高炉距离近，并且在高炉两侧各有三条独立的有尽头的铁水罐车停放线，和一条辅助材料运输线，如图 2-5 所示。出铁场和铁水罐车停放线垂直，缩短了出铁场长度，设有摆动流嘴，出一次铁可放置多个铁水罐车，近年来新建的大型高炉多采用这种布置形式。

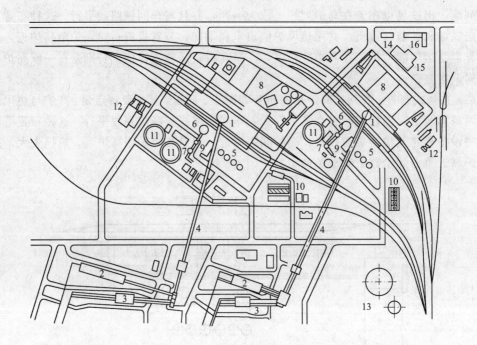

图 2-3　岛式高炉平面布置图

1—高炉及出铁场；2—贮焦槽；3—贮矿槽；4—上料皮带机；5—热风炉；6—重力除尘器；

7—文氏管；8—干渣坑；9—计器室；10—循环水设施；11—浓缩池；12—出铁场除尘设施；

13—煤气罐；14—修理中心；15—修理场；16—总值班室

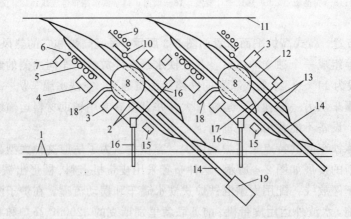

图 2-4　圆形出铁场的高炉平面布置图

1、11—铁水罐车走行线；2、13—铁水罐车停放线；3—炉前水冲渣设施；

4—高炉计器室；5—热风炉；6—烟囱；7—热风炉风机站；8—圆形出铁场；

9—煤气除尘设备；10—干式除尘设备；12—清灰铁路线；14—上料皮带机；

15—炉渣粒化用压缩空气站；16—运出水渣皮带机；17—辅助材料运输线；

18—上炉台的公路；19—矿槽栈桥

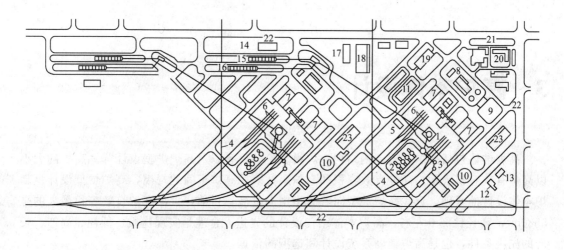

图 2-5 半岛式高炉平面布置示意图

1—高炉；2—热风炉；3—除尘器；4—净煤气管道；5—高炉计器室；6—铁水罐车停放线；
7—干渣坑；8—水淬电器室；9—水淬设备；10—沉淀室；11—炉前除尘器；12—脱水机室；
13—炉底循环水槽；14—原料除尘器；15—贮焦槽；16—贮矿槽；17—备品库；
18—机修间；19—碾泥机室；20—厂部；21—生活区；22—公路；23—水站

3　高炉本体设计

高炉本体包括高炉基础、钢结构、炉衬、冷却设备以及高炉炉型设计等。高炉的大小以高炉有效容积表示，高炉有效容积和高炉座数表明高炉车间的规模，高炉炉型设计是高炉本体设计的基础。近代高炉炉型向着大型横向发展，目前，世界高炉有效容积最大的是 5580m³，高径比 2.0 左右。高炉本体结构设计的先进、合理是实现优质、低耗、高产、长寿的先决条件，也是高炉辅助系统设计和选型的依据。

3.1　高炉炉型

高炉是竖炉，高炉内部工作空间剖面的形状称为高炉炉型或高炉内型。高炉冶炼的实质是上升的煤气流和下降的炉料之间进行传热传质的过程，因此必须提供燃料燃烧的空间，提供高温煤气流与炉料进行传热传质的空间。高炉炉型要适应原燃料条件的要求，保证冶炼过程的顺行。

3.1.1　炉型的发展过程

炉型的发展过程主要受当时的技术条件和原燃料条件的限制。随着原燃料条件的改善以及鼓风能力的提高，高炉炉型也在不断地演变和发展，炉型演变过程大体可分为 3 个阶段。

（1）无型阶段——又称生吹法。在土坡上挖洞四周砌石块，以木炭冶炼，这是原始的方法。

（2）大腰阶段——炉腰尺寸过大的炉型。由于当时工业不发达，高炉冶炼以人力、蓄力、风力、水力鼓风，鼓风能力很弱，为了保证整个炉缸截面获得高温，炉缸直径很小；冶炼以木炭或无烟煤为燃料，机械强度很低，为了避免高炉下部燃料被压碎，从而影响料柱透气性，故有效高度很低；为了人工装料方便并能够将炉料装到炉喉中心，炉喉直径也很小，而大的炉腰直径减小了烟气流速度，延长了烟气在炉内停留时间，起到焖住炉内热量的作用。因此，炉缸和炉喉直径小，有效高度低，而炉腰直径很大。这类高炉生产率很低，一座 28m³ 高炉日产量只有 1.5t 左右。

19 世纪末，由于蒸汽鼓风机和焦炭的使用，炉顶装料设备逐步实现机械化，高炉内型趋向于扩大炉缸和炉喉直径，并向高度方向发展，逐渐形成近代五段式高炉炉型。最初的五段式炉型，基本上是瘦长型，由于冶炼效果并不理想，相对高度又逐渐降低。

（3）近代高炉，由于鼓风机能力进一步提高，原燃料处理更加精细，高炉炉型向着"大型横向"发展。

高炉内型合理与否对高炉冶炼过程有很大影响。炉型设计合理是获得良好技术经济指标，保证高炉操作顺行的基础。

3.1.2　五段式高炉炉型

五段式高炉炉型如图 3-1 所示。

3.1.2.1 高炉有效容积和有效高度

高炉大钟下降位置的下缘到铁口中心线间的距离称为高炉有效高度(H_u),对于无钟炉顶为旋转溜槽最低位置的下缘到铁口中心线之间的距离。在有效高度范围内,炉型所包括的容积称为高炉有效容积(V_u)。我国曾对炉容做过系列设计,并习惯地规定,$V_u \leqslant 100m^3$ 为小型高炉,$V_u = 255 \sim 620m^3$ 为中型高炉,$V_u > 620m^3$ 为大型高炉,把高炉分为大、中、小型是因为在设计炉型时,每种类型的高炉某些参数的选取有共同之处。近代 $V_u > 4000m^3$ 的高炉称为巨型高炉,其设计参数的选取与一般大型高炉也有差别。

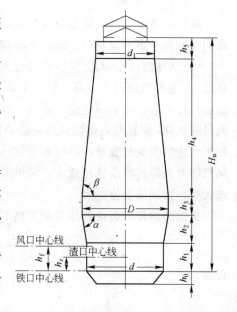

图 3-1 五段式高炉内型图

H_u—有效高度;h_0—死铁层厚度;h_1—炉缸高度;h_2—炉腹高度;h_3—炉腰高度;h_4—炉身高度;h_5—炉喉高度;h_f—风口高度;h_z—渣口高度;d—炉缸直径;D—炉腰直径;d_1—炉喉直径;α—炉腹角;β—炉身角

高炉的有效高度,对高炉内煤气与炉料之间传热传质过程有很大影响。在相同炉容和冶炼强度条件下,增大有效高度,炉料与煤气流接触机会增多,有利于改善传热传质过程,降低燃料消耗;但过分增加有效高度,料柱对煤气的阻力增大,容易形成料拱,对炉料下降不利,甚至破坏高炉顺行。高炉有效高度应适应原燃料条件,如原燃料强度、粒度及均匀性等。生产实践证明,高炉有效高度与有效容积有一定关系,但不是直线关系,当有效容积增加到一定值后,有效高度的增加则不显著。

有效高度与炉腰直径的比值(H_u/D)是表示高炉"矮胖"或"细长"的一个重要设计指标,不同炉型的高炉,其比值的范围是:

巨型高炉	大型高炉	中型高炉	小型高炉
约2.0	2.5~3.1	2.9~3.5	3.7~4.5

随着高炉有效容积的增加,H_u/D 在逐渐降低。表3-1为国内外部分高炉炉型及 H_u/D 值。

表 3-1 国内外部分高炉炉型及 H_u/D 值

国 家	乌克兰	日 本			俄罗斯	中 国				
厂 别	克里沃罗格	鹿岛	君津	千叶	新利佩茨克	宝钢	武钢	马钢	包钢	首钢
炉 号	9	3	3	5	5	3	5	1	3	2
炉容/m^3	5026	5050	4063	2584	3200	4350	3200	2545	2200	1726
H_u/m	33.5	31.8	32.6	30	32.2	31.5	30.6	29.4	27.3	26.7
D/m	16.1	16.3	14.6	12.1	13.3	15.2	13.4	12.0	11.6	10.7
H_u/D	2.08	1.95	2.23	2.48	2.421	2.072	2.283	2.45	2.353	2.495

3.1.2.2　炉缸

高炉炉型下部的圆筒部分为炉缸，炉缸的上、中、下部位分别设有风口、渣口与铁口，现代大型高炉多不设渣口。炉缸下部容积盛装液态渣铁，上部空间为风口的燃烧带。

(1) 炉缸直径（d）。炉缸直径过大和过小都直接影响高炉生产。直径过大将导致炉腹角过大，边缘气流过分发展，中心气流不活跃而引起炉缸堆积，同时加速对炉衬的侵蚀；炉缸直径过小限制焦炭的燃烧，影响产量的提高。炉缸截面积应保证一定数量的焦炭和喷吹燃料的燃烧，炉缸截面燃烧强度是高炉冶炼的一个重要指标，它是指每 1h 每 $1m^2$ 炉缸截面积所燃烧的焦炭的数量，一般为 $1.00\sim1.25t/(m^2 \cdot h)$。炉缸截面燃烧强度的选择，应与风机能力和原燃料条件相适应，风机能力大、原料透气性好、燃料可燃性好的燃烧强度可选大些，否则选低值。

根据高炉每天燃烧的焦炭量得到下列关系式：

$$\frac{\pi}{4}d^2 i_燃 \cdot 24 = IV_u$$

得出

$$d = 0.23\sqrt{\frac{IV_u}{i_燃}} \tag{3-1}$$

式中　I——冶炼强度，$t/(m^3 \cdot d)$；

　　　$i_燃$——燃烧强度，$t/(m^2 \cdot h)$；

　　　V_u——高炉有效容积，m^3；

　　　d——高炉炉缸直径，m。

计算得到的炉缸直径应该再用 V_u/A 进行校核，不同炉容的 V_u/A 取值见表 3-2。

表 3-2　不同炉容的 V_u/A 值

炉型	大型	中型	小型
V_u/A	22~28	15~22	10~13

(2) 炉缸高度（h_1）。炉缸高度的确定，包括渣口高度、风口高度以及风口安装尺寸的确定。

铁口位于炉缸下水平面，铁口数目根据高炉炉容或高炉产量而定，一般 $1000m^3$ 以下高炉设一个铁口，$1500\sim3000m^3$ 高炉设 2～3 个铁口，$3000m^3$ 以上高炉设 3～4 个铁口，或以每个铁口日出铁量 1500～3000t 设铁口数目。原则上出铁口数目取上限，有利于强化高炉冶炼。

渣口中心线与铁口中心线间距离称为渣口高度（h_z），它取决于原料条件，即渣量的大小。渣口过高，下渣量增加，对铁口的维护不利；渣口过低，易出现渣中带铁事故，从而损坏渣口；大、中型高炉渣口高度多为 1.5～1.7m。

渣口高度的确定，还可以参照下式计算：

$$h_z = h_铁 \frac{b}{c}$$

根据

$$P = h_{铁} A \rho_{铁} N$$

$$A = \frac{\pi}{4} d^2$$

得出

$$h_z = \frac{4bP}{\pi N c \rho_{铁} d^2} \tag{3-2}$$

式中 P——日产生铁量，t；

　$h_{铁}$——两次出铁之间铁水面最大高度，m；

　b——生铁产量波动系数，一般取 1.2；

　N——昼夜出铁次数，一般 2h 出一次铁；

　$\rho_{铁}$——铁水密度，7.1t/m³；

　c——渣口以下炉缸容积利用系数，一般取 0.55～0.60，炉容大、渣量大时取低值；

　A——炉缸截面积，m²；

　d——炉缸直径，m。

小型高炉设一个渣口，大中型高炉设两个渣口，两个渣口高度差为 100～200mm，也可在同一水平面上。渣口直径一般为 $\phi 50$～$\phi 60$mm。有效容积大于 2000m³ 的高炉一般设置多个铁口，而不设渣口，例如宝钢 4063m³ 高炉，设置 4 个铁口；唐钢 2560m³ 高炉有 3 个铁口，多个铁口交替连续出铁。

风口中心线与铁口中心线间距离称为风口高度（h_f），风口与渣口的高度差应能容纳上渣量和提供一定的燃烧空间。

风口高度可参照下式计算：

$$h_f = \frac{h_z}{k} \tag{3-3}$$

式中 k——渣口高度与风口高度之比，一般取 0.5～0.6，渣量大取低值。

风口数目（n）主要取决于炉容大小，与炉缸直径成正比，还与预定的冶炼强度有关。风口数目多有利于减小风口间的"死料区"，改善煤气分布。确定风口数目可以按下式计算：

中小型高炉

$$n = 2(d + 1) \tag{3-4}$$

大型高炉

$$n = 2(d + 2) \tag{3-5}$$

4000m³ 左右的巨型高炉

$$n = 3d \tag{3-6}$$

式中 d——炉缸直径，m。

风口数目也可以根据风口中心线在炉缸圆周上的距离进行计算：

$$n = \frac{\pi d}{s} \tag{3-7}$$

s 取值在 1.1～1.6m 之间，我国高炉设计曾经是小高炉取下限，大高炉取上限。日本设计的 4000m³ 以上的巨型高炉，s 取 1.1m，增加了风口数目，有利于高炉冶炼的强化。确定风口数目时还应考虑风口直径与入炉风速，风口数目一般取偶数。表 3-3 列出了国内外不同

表 3-3   国内外不同容积的高炉风口数目与风口间距

炉容/m³	鞍钢	首钢	包钢	唐钢	日本福山	前苏联	日本水岛	日本福山
	1002	1200	1800	2560	2004	2700	3363	4197
炉缸直径/mm	7200	8080	9700	11000	9800	11000	12400	13800
风口数目/个	14	18	20	30	27	24	36	40
风口距离/mm	1620	1410	1520	1152	1140	1440	1080	1080

容积的高炉风口数目与风口间距情况。

风口直径由出口风速决定,一般出口风速为 100m/s 以上,当前设计的 4000m³ 左右巨型高炉,出口风速可达 200m/s。风口直径亦可根据经验确定。

风口结构尺寸(a)根据经验直接选定,一般为 0.35～0.50m,表 3-4 为不同容积高炉的风口结构尺寸和炉喉间隙大小。

表 3-4   不同容积高炉的风口结构尺寸和炉喉间隙

高炉容积/m³	100	250	600	1000	1500	2000	2560
风口结构尺寸 a/mm	350	350	350	400	400	500	500
炉喉间隙/mm	550	600	700	800	900	950～1000	—

炉缸高度 h_1

$$h_1 = h_f + a \tag{3-8}$$

3.1.2.3 炉腹

炉腹在炉缸上部,呈倒截圆锥形。炉腹的形状适应了炉料熔化滴落后体积的收缩,稳定下料速度。同时,可使高温煤气流离开炉墙,既不烧坏炉墙又有利于渣皮的稳定,对上部料柱而言,使燃烧带处于炉喉边缘的下方,有利于松动炉料,促进冶炼顺行。燃烧带产生的煤气量为鼓风量的 1.4 倍左右,理论燃烧温度 1800～2000℃,气体体积剧烈膨胀,炉腹的存在适应这一变化。

炉腹的结构尺寸是炉腹高度 h_2 和炉腹角 α。炉腹过高,有可能炉料尚未熔融就进入收缩段,易造成难行和悬料;炉腹过低则减弱炉腹的作用。炉腹高度 h_2 也可由下式计算:

$$h_2 = \frac{D - d}{2} \mathrm{tg}\alpha \tag{3-9}$$

炉腹角一般为 79°～83°,过大不利于煤气分布并破坏稳定的渣皮保护层,过小则增大对炉料下降的阻力,不利于高炉顺行。

3.1.2.4 炉身

炉身呈正截圆锥形,其形状适应炉料受热后体积的膨胀和煤气流冷却后体积的收缩,有利于减小炉料下降的摩擦阻力,避免形成料拱。炉身角对高炉煤气流的合理分布和炉料顺行影响较大。炉身角小,有利于炉料下降,但易发展边缘煤气流,过小时会导致边缘煤气流过分发展,使焦比升高。炉身角大,有利于抑制边缘煤气流,但不利于炉料下降,对高炉顺行不利。设计炉身角时要考虑原燃料条件,原燃料条件好,炉身角可取大值;相反,原料粉末多，燃料强度差，炉身角取小值；高炉冶炼强度高，喷煤量大，炉身角取小值。同时也要适应高炉容积，一般大高炉由于径向尺寸大，所以径向膨胀量也大，这就要求 β 角小些，相反中小型高炉 β 角大些。炉身角一般取值为 $81.5° \sim 85.5°$ 之间。$4000 \sim 5000m^3$ 高炉 β 角取值为 $81.5°$ 左右，前苏联 $5580m^3$ 高炉 β 角取值 $79°42'17''$。

炉身高度 h_4 占高炉有效高度的 $50\% \sim 60\%$，保障了煤气与炉料之间传热和传质过程的进行。可按下式计算：

$$h_4 = \frac{D - d_1}{2} \text{tg} \beta \tag{3-10}$$

3.1.2.5 炉腰

炉腹上部的圆柱形空间为炉腰，是高炉炉型中直径最大的部位。炉腰处恰是冶炼的软熔带，透气性变差，炉腰的存在扩大了该部位的横向空间，改善了透气条件。

在炉型结构上，炉腰起着承上启下的作用，使炉腹向炉身的过渡变得平缓，减小死角。经验表明，炉腰高度 (h_3) 对高炉冶炼的影响不太显著，一般取 $1 \sim 3m$，炉容大取上限，设计时可通过调整炉腰高度修定炉容。

炉腰直径 (D) 与炉缸直径 (d) 和炉腹角 (α)、炉腹高度 (h_2) 几何相关，并决定了炉型的下部结构特点。一般炉腰直径 (D) 与炉缸直径 (d) 有一定比例关系，大型高炉 D/d 取值 $1.09 \sim 1.15$，中型高炉 $1.15 \sim 1.25$，小型高炉 $1.25 \sim 1.5$。

3.1.2.6 炉喉

炉喉呈圆柱形，它的作用是承接炉料，稳定料面，保证炉料合理分布。炉喉直径 (d_1) 与炉腰直径 (D)、炉身角 (β)、炉身高度 (h_4) 几何相关，并决定了高炉炉型的上部结构特点。d_1/D 取值在 $0.64 \sim 0.73$ 之间。

钟式炉顶装料设备的大钟与炉喉间隙 ($d_1 - d_0)/2$，对炉料堆尖在炉喉内的位置有较大影响。间隙小，炉料堆尖靠近炉墙，抑制边缘煤气流；间隙大，炉料堆尖远离炉墙，发展边缘煤气流。炉喉间隙大小应考虑原料条件，矿石粉末多时，应适当扩大炉喉间隙；同时还应考虑 β 角大小，β 角大，炉喉间隙可大些，β 角小，炉喉间隙要小一些。我国钟式炉顶炉喉间隙大小见表 3-4。

3.1.2.7 死铁层厚度

铁口中心线到炉底砌砖表面之间的距离称为死铁层厚度。死铁层是不可缺少的，其内残留的铁水可隔绝铁水和煤气对炉底的侵蚀，其热容量可使炉底温度均匀稳定，消除热应力的影响。由于高炉冶炼不断强化，死铁层厚度有增加的趋势，目前国外新设计的高炉的死铁层为 $h_0 = 0.2d$。增加死铁层厚度，可以有效地保护炉底。

3.1.3 炉型设计与计算

高炉炉型设计的依据是单座高炉的生铁产量，由产量确定高炉有效容积，再以有效容积为基础，计算其它尺寸。有关炉型的名词概念有：

设计炉型是指按照设计尺寸砌筑的炉型；操作炉型指高炉投产后，工作一段时间，炉衬被侵蚀，高炉内型发生变化后的炉型；合理炉型指冶炼效果较好，可以获得优质、低耗、高产和长寿的炉型，具有时间性和相对性。

高炉炼铁是复杂的物理化学过程，设计的炉型必须适应冶炼过程的需要，保证高炉一代寿命获得稳定的较高的产量，优质的产品，较低的能耗和长寿。高炉在一代炉役中，炉衬不断被侵蚀，炉型不断发生变化。炉型变化的程度和趋势与冶炼原料条件、操作制度有关，与炉衬结构和耐火材料的性能有关，还与冷却系统结构及冷却制度有关。高炉冶炼实际上是长时间在操作炉型内进行。因此，掌握冶炼过程中炉型的变化及其趋势，对设计合理的炉型非常重要。

高炉炉型设计一般都采用经验数据和经验公式，它具有一定的局限性，不能生硬套用，应做具体分析和修正。下面介绍两种炉型设计的方法。

3.1.3.1　比较法

由给定的产量确定炉容，根据建厂的冶炼条件，寻找条件相似，炉容相近，各项生产技术指标较好的合理炉型作为设计的基础。首先确定几个主要设计参数，然后，选择各部位的比例关系作容积计算，并与已确定的炉型进行比较，经过几次修订参数和计算，确定较为合理的炉型。目前，设计高炉多采用这种方法。

3.1.3.2　计算法

炉型的计算法即经验数据的统计法，对一些经济技术指标比较先进的高炉炉型进行分析和统计，得到炉型中某些主要尺寸与有效容积的关系式，以及各部位尺寸间的关系。计算时可选定某一关系式，算出某一主要尺寸，再根据炉型中各部位尺寸间的关系式作炉型计算，最后校核炉容，修定后确定设计炉型。

下面介绍一些经验公式，可作为设计参考。

大型高炉

$$H_u = 6.44 V_u^{0.2} \tag{3-11}$$

$$d = 0.32 V_u^{0.45} \tag{3-12}$$

以上两个公式适应于我国 20 世纪 50～70 年代 1000～2000m³ 高炉的基本情况，炉型偏高，横向尺寸偏小，为瘦长型。

中小型高炉

$$H_u = 4.05 V_u^{0.256} \tag{3-13}$$

$$d = 0.564 V_u^{0.37} \tag{3-14}$$

这两个公式基本适应于我国 20 世纪 50～60 年代中小型高炉状况。

随着原燃料条件的改善及富氧喷煤技术的发展，高炉炉型在不断变化。通过对国内外100 多座近代大型和巨型高炉进行分析和统计计算，推导出以下炉型计算公式：

$$h_0 \geqslant 0.0937 V_u d^{-2} \tag{3-15}$$

$$d = 0.4087 V_u^{0.4205} \tag{3-16}$$

$$h_1 = 1.4206 V_u^{0.159} - 34.8707 V_u^{-0.841} \tag{3-17}$$

$$h_2 = (1.6818 V_u + 63.5879) \div (V_u^{0.7848} + 0.719 V_u^{0.8129} + 0.517 V_u^{0.841}) \tag{3-18}$$

$$D = 0.5684 V_u^{0.3942} \tag{3-19}$$

$$h_3 = 0.3586 V_u^{0.2152} - 6.3278 V_u^{-0.7848} \tag{3-20}$$

$$h_4 = (6.3008 V_u - 47.7323) \div (V_u^{0.7848} + 0.7833 V_u^{0.7701} + 0.5769 V_u^{0.7554}) \tag{3-21}$$

$$d_1 = 0.4317 V_u^{0.3771} \tag{3-22}$$

$$h_5 = 0.3527 V_u^{0.2446} + 28.3805 V_u^{-0.7554} \tag{3-23}$$

按式 (3-15) 至式 (3-23) 对各级别炉容的高炉进行计算，计算结果误差小于 0.25%。

计算得到的炉型基本符合近代大型高炉炉型尺寸结构，体现了近代高炉横向型发展的总趋势。但计算得到的炉型只是相似型，没有有效地反映出高炉冶炼条件的差异。因此，考虑到不同地区的高炉冶炼条件及特点，应对计算得到的炉型做合理调整。

表 3-5 为我国部分高炉炉型尺寸，表 3-6 为国外部分高炉炉型尺寸，设计高炉时可作参考。

表 3-5　我国部分高炉炉型尺寸

符号	单位	企 业 名 称									
		鞍钢	本钢	攀钢	梅山	太钢	首钢	包钢	鞍钢	武钢	宝钢
V_u	m³	831	917	1000	1000	1053	1200	1800	2025	2516	4063
d	mm	6500	6800	7200	7300	7300	8080	9700	10000	10800	13400
D	mm	7500	7700	8200	8720	8300	9120	10500	11000	11900	14600
d_1	mm	5500	5760	5800	5800	5800	5900	6800	7200	8200	9500
d_0	mm	4000	4200	—	—	4200	4200	4800	5200	6200	—
H	mm	27165	—	—	—	28750	—	30750	31900	32665	—
H_u	mm	24100	25550	24600	24606	26000	25500	28320	29000	30000	32100
h_0	mm	450	450	875	800	604	571	922	1000	700	1800
h_z	mm	1500/1400	1400/1300	1400/1300	1400/1300	1600/1400	1550/1550	1700/1500	1800/1600	1700/1600	—
h_f	mm	2800	2700	2700	2700	2800	2750	3000	3000	3200	4270
h_1	mm	3200	3050	3200	3200	3200	3200	3400	3500	3700	4900
h_2	mm	3200	3200	3000	4250	3200	3300	3200	3000	3500	4000
h_3	mm	2250	3000	2200	616	2000	1800	2120	2000	2200	3100
h_4	mm	12950	13300	14200	14480	14800	14900	17200	18500	18000	18100
h_5	mm	2500	3000	2000	2060	2800	2300	2400	2000	2600	2000
α		81°7′	82°	80°41′	80°36′	81°7′10″	81°2′40″	82°52′30″	80°32′15″	81°4′25″	81°28′9″
β		85°35′	85°49′	84°38′	84°15′	85°10′20″	83°50′	83°51′39″	84°8′10″	84°7′54″	81°58′50″
$(d_1-d_0)/2$	mm	750	780	—	—	800	850	1000	1000	1000	—
A	m²	33.2	36.3	40.7	41.8	41.8	51.2	73.9	78.5	91.6	141
V_u/A		25.00	25.26	24.57	23.92	25.2	23.4	24.4	25.8	27.5	28.8
H_u/D		3.26	3.32	3.00	3.00	3.13	2.799	2.7	2.64	2.52	2.2
D/d		1.15	1.13	1.14	1.19	1.13	1.13	1.08	1.10	1.10	1.09
d_1/D		0.733	0.75	0.7	0.67	0.7	0.649	0.64	0.655	0.69	0.65
d_1/d		0.846	0.85	0.81	0.79	0.795	0.731	0.7	0.72	0.76	0.71
风口	个	14	12	14	14	14	18	20	22	24	36

表 3-6 国外部分高炉炉型尺寸

符号	单位	国 家 和 企 业 名 称									
		前苏联	日本鹿岛	日本福山	日本君津	新利佩茨克	前苏联	德国克房伯	荷兰灵威尔	美国共和南厂	前苏联
V_u	m³	5580	5050	4617	4063	3200	2700	2625	2652	2054	1719
d	mm	15100	15000	14400	13400	12000	11000	11500	11200	9700	9100
D	mm	16500	16300	15900	14600	13300	12250	12500	12270	10600	10200
d_1	mm	11200	10900	10700	9500	8900	8200	8400	8070	7300	6900
H_u	mm	34800	31800	30500	32600	32200	31200	27800	29300	31800	28500
h_0	mm	—	1500	1500	1800		1100	2300	1400	1100	1000
h_1	mm	5700	5100	4700	4900	4600	3600	3850	4300	3900	3200
h_2	mm	3700	4000	4300	4000	3400	3000	3300	3300	3650	3000
h_3	mm	2000	2800	2500	3100	1900	2000	2300	2800	3750	2000
h_4	mm	20700	16900	17000	18100	20000	20100	16500	17900	16700	17800
h_5	mm	3000	3000	2000	2500	2300	2500	1850	1000	3800	2500
h_z	mm	—	2800	2800	—	1600	2050	2200	2243	1600/1400	
h_f	mm		4500	4200	4270	—	3200	3200	3670	3000	2800
α		82°42′17″	82°25′	80°06′	81°28′	79°10′57″	78°14′	81°35′	80°32′	83°	79°36′40″
β		79°13′17″	81°24′	81°18′	81°59′	83°43′22″	84°15′	82°55′	83°18′	84°28′	84°42′14″
铁口	个		4	3	4	4	—	3	2	2	
风口	个		40	42	35	32	24	28	30	26	18
渣口	个		0	2	2	0		2	1	2	2
A	m²	179	176.63	162.78	140.95	113.04	94.99	103.82	98.47	73.86	65.01
V_u/A		31	28.59	28.36	28.83	28.31	28.42	25.28	26.93	27.8	26.44
H_u/D		2.1	1.92	1.95	2.24	2.42	2.55	2.22	2.39	3.00	2.79

3.1.3.3 炉型计算例题

设计年产制钢生铁 280 万 t 的高炉车间。

（1）确定年工作日：

$$365 \times 95\% = 347 d$$

日产量

$$P_{总} = \frac{280 \times 10^4}{347} = 8069.2 t$$

（2）定容积：

选定高炉座数为 2 座，利用系数 $\eta_V = 2.0 t/(m^3 \cdot d)$

每座高炉日产量

$$P = \frac{P_{总}}{2} = 4035 t$$

每座高炉容积

$$V'_u = \frac{P}{\eta_V} = \frac{4035}{2.0} = 2018 \text{m}^3$$

(3) 炉缸尺寸：

1) 炉缸直径

选定冶炼强度 $I = 0.95 \text{t}/(\text{m}^3 \cdot \text{d})$；燃烧强度 $i_燃 = 1.05 \text{t}/(\text{m}^2 \cdot \text{h})$

则 $d = 0.23 \sqrt{\dfrac{IV_u}{i_燃}} = 0.23 \sqrt{\dfrac{0.95 \times 2018}{1.05}} = 9.83 \text{m}$ 取 $d = 9.8 \text{m}$

校核

$$\frac{V_u}{A} = \frac{2018}{\frac{\pi}{4} \times 9.8^2} = 26.75$$ 合理

2) 炉缸高度

渣口高度

$$h_z = 1.27 \frac{bP}{Nc\rho_铁 d^2} = \frac{1.27 \times 1.20 \times 4035}{10 \times 0.55 \times 7.1 \times 9.8^2} = 1.64$$ 取 $h_z = 1.7 \text{m}$

风口高度

$$h_f = \frac{h_z}{k} = \frac{1.7}{0.56} = 3.03$$ 取 $h_f = 3.0 \text{m}$

风口数目

$$n = 2(d + 2) = 2 \times (9.8 + 2) = 23.6$$ 取 $n = 24$ 个

风口结构尺寸

选取 $\qquad a = 0.5 \text{m}$

则炉缸高度

$$h_1 = h_f + a = 3.0 + 0.5 = 3.5 \text{m}$$

(4) 死铁层厚度：

选取 $\qquad h_0 = 1.5 \text{m}$

(5) 炉腰直径、炉腹角、炉腹高度：

选取 $\qquad D/d = 1.13$

则 $\qquad D = 1.13 \times 9.8 = 11.07$ 取 $D = 11 \text{m}$

选取 $\qquad \alpha = 80°30'$

则 $\qquad h_2 = \dfrac{D-d}{2} \text{tg} \alpha = \dfrac{11-9.8}{2} \text{tg} 80°30' = 3.58$ 取 $h_2 = 3.5 \text{m}$

校核 α

$$\text{tg} \alpha = \frac{2h_2}{D-d} = \frac{2 \times 3.5}{11-9.8} = 5.83$$ $\alpha = 80°16'1''$

(6) 炉喉直径、炉喉高度：

选取 $\qquad d_1/D = 0.68$

则 $\qquad d_1 = 0.68 \times 11 = 7.48$ 取 $d_1 = 7.5 \text{m}$

选取 $\qquad h_5 = 2.0 \text{m}$

(7) 炉身角、炉身高度、炉腰高度：

选取 $\qquad \beta = 84°$

则　　　　　　　　　$h_4 = \dfrac{D-d_1}{2}\mathrm{tg}\beta = \dfrac{11-7.5}{2}\mathrm{tg}84° = 16.65$　　　　　　　取 $h_4 = 17\mathrm{m}$

校核 β

$$\mathrm{tg}\beta = \frac{2h_4}{D-d_1} = \frac{2\times17}{11-7.5} = 9.71 \qquad\qquad \beta = 84°7'21''$$

选取　　　　　　　　　　　　　$H_u/D = 2.56$

则

$$H_u = 2.56\times11 = 28.16 \qquad\qquad 取 H_u = 28.2\mathrm{m}$$

求得

$$h_3 = H_u - h_1 - h_2 - h_4 - h_5 = 28.2 - 3.5 - 3.5 - 17 - 2.0 = 2.2\mathrm{m}$$

(8) 校核炉容:

炉缸体积

$$V_1 = \frac{\pi}{4}d^2 h_1 = \frac{\pi}{4}\times9.8^2\times3.5 = 264.01\mathrm{m}^3$$

炉腹体积

$$V_2 = \frac{\pi}{12}h_2(D^2 + Dd + d^2) = \frac{\pi}{12}\times3.5\times(11^2 + 11\times9.8 + 9.8^2) = 297.65\mathrm{m}^3$$

炉腰体积

$$V_3 = \frac{\pi}{4}D^2 h_3 = \frac{\pi}{4}\times11^2\times2.2 = 209.08\mathrm{m}^3$$

炉身体积

$$V_4 = \frac{\pi}{12}h_4(D^2 + Dd_1 + d_1^2)$$

$$= \frac{\pi}{12}\times17(11^2 + 11\times7.5 + 7.5^2)$$

$$= 1156.04\mathrm{m}^3$$

炉喉体积

$$V_5 = \frac{\pi}{4}d_1^2 h_5 = \frac{\pi}{4}\times7.5^2\times2.0$$

$$= 88.36\mathrm{m}^3$$

高炉容积

$$V_u = V_1 + V_2 + V_3 + V_4 + V_5$$

$$= 264.01 + 297.65 + 209.08$$

$$\quad + 1156.04 + 88.36$$

$$= 2015.2\mathrm{m}^3$$

误差

$$\Delta V = \frac{V_u - V_u'}{V_u'} = \frac{2015.2 - 2018}{2018}$$

$$= 0.14\% < 1\%$$

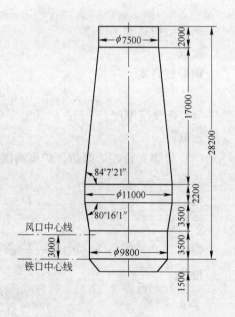

图 3-2　2018m³ 高炉炉型图

炉型设计合理,符合要求。

(9) 绘制高炉炉型图。高炉炉型见图 3-2。

3.2 高炉炉衬

按照设计炉型，以耐火材料砌筑的实体称为高炉炉衬。高炉炉衬的作用在于构成高炉的工作空间，减少热损失，并保护炉壳和其它金属结构免受热应力和化学侵蚀的作用。

高炉炉衬的寿命决定高炉一代寿命的长短。高炉内不同部位发生不同的物理化学反应，所以需要具体分析各部位炉衬的破损机理。

3.2.1 炉衬破损机理

3.2.1.1 炉底

根据高炉停炉大修前炉底破损状况和生产中炉底温度等检测结果知道，炉底破损分两个阶段，初期是铁水渗入将砖漂浮而形成锅底形深坑，第二阶段是熔结层形成后的化学侵蚀。

铁水渗入的条件：一是炉底砌砖承受着液体渣铁、煤气压力、料柱重量的 10%～12%；二是砌砖存在砖缝和裂缝。当铁水在高压下渗入砖衬缝隙时，会缓慢冷却，在 1150℃ 时凝固，在冷凝过程中体积膨胀，从而又扩大了缝隙，如此互为因果，铁水可以渗入很深，由于铁水密度大于黏土砖、高铝砖和炭砖密度，因此在铁水的静压力作用下砖会漂浮起来。炉底坑下的砖衬在长期的高温高压下，部分软化重新结晶，形成熔结层。熔结层和下部未熔结的砖衬相比较，熔结层的砖被压缩，气孔率显著降低，体积密度显著提高，同时砖中氧化铁和碳的含量增加。

熔结层中砖与砖已烧结成一个整体，能抵抗铁水的渗入，并且坑底面的铁水温度也较低，砖缝已不再是铁水渗入的薄弱环节了，这时炉衬损坏的主要原因转化为铁水中的碳将砖中二氧化硅还原成硅，并被铁水所吸收的化学侵蚀。

$$SiO_2(砖) + 2[C] + [Fe] = [FeSi] + 2CO$$

因此熔结层表面的二氧化硅含量降低，而残铁和炉内凝铁中的硅含量增加，这时炉底的侵蚀速度大大减慢了，可见关键在于熔结层在哪里形成，生产实践表明：采用炉底冷却的大高炉，炉底侵蚀深度约 1～2m，而没有炉底冷却的高炉侵蚀深度可达 4～5m。

从上述炉底破损机理看出，影响炉底寿命的因素：首先是它承受的高压，其次是高温，再次是铁水和渣水在出铁时的流动对炉底的冲刷，炉底的砖衬在加热过程中产生温度应力引起砖层开裂，此外在高温下渣铁也对砖衬有化学侵蚀作用，特别是渣液的侵蚀更为严重。

3.2.1.2 炉缸

炉缸下部是盛渣铁液的地方，而且周期地进行聚积和排出，所以渣铁的流动、炉内渣铁液面的升降，大量的煤气流等高温流体对炉衬的冲刷是主要的破坏因素，特别是渣口、铁口附近的炉衬是冲刷最厉害的部位。高炉炉渣偏碱性而常用的耐火砖偏酸性，故在高温下化学性渣化，对炉缸砖衬是一个重要的破坏因素。整个高炉的最高温度区域是炉缸上部的风口带，此处炉衬内表面温度高达 1300～1900℃，所以砖衬的耐高温性能和相应的冷却措施都是非常重要的。

炉缸部位受的压力虽不算很大，但它是难以对付的侧向压力，故仍然不可忽视。

3.2.1.3 炉腹

此处距风口带近，故高温热应力作用很大。由于炉腹倾斜故受着料柱压力和崩料、坐料时冲击力的影响。另外还承受初渣的化学侵蚀。由于初渣中 FeO、MnO 以及自由 CaO 含量较高，初渣中 FeO、MnO、CaO 与砖衬中的 SiO_2 反应，生产低熔点化合物，使砖衬表面软熔，在液态渣铁和煤气流的冲刷下而脱落。在实际生产中，往往开炉不久这部分炉衬便被完全侵蚀掉，增加炉衬厚度也无济于事，而是靠冷却壁上的渣皮维持生产。

3.2.1.4　炉身

炉身中下部温度较高，故热应力的影响较大，同时也受到初渣的化学侵蚀以及碱金属和锌的化学侵蚀。炉料中的碱金属和锌，一般以盐类存在，进入高炉后在高温下分解为氧化物，在高炉下部被还原为金属钾、钠、锌，并挥发随煤气上升，在上升过程中又被氧化为 K_2O、Na_2O、ZnO，部分氧化物沉积到炉料上再循环，部分沉积在炉衬上，还有一部分随煤气排出炉外，这就是碱循环。沉积在炉衬上的这部分碱金属和锌的氧化物与炉衬中的 Al_2O_3、SiO_2 反应生成低熔点的硅铝酸盐，使炉衬软熔并被冲刷而损坏。

另外，碳素沉积也是该部位炉衬损坏的一个原因。碳素沉积反应（$2CO = CO_2 + C\downarrow$）在 $400\sim700℃$ 之间进行最快，而整个炉身的炉衬却正好都有处于这一温度范围的地方，这是由于炉身下部炉墙内表面温度虽然高于 $700℃$，但在炉衬内部却有着碳素沉积的适当温度点，因此碳素就会在炉衬中进行沉积，炉身上部沉积点位置靠近炉墙内表面。当碳素沉积在砖缝和裂缝中时，它在长期的高温影响下，会改变结晶状态，体积增大，胀坏砖衬，这对强度较差的耐火砖和泥浆不饱满的炉衬来说，作用更为明显。

在炉身上部，炉料比较坚硬，具有棱角，下降炉料的磨损和夹带着大量炉尘的高速煤气流的冲刷是这部位炉衬损坏的主要原因。

3.2.1.5　炉喉

炉喉受到炉料落下时的撞击作用，故都用金属保护板加以保护，又称炉喉钢砖，即使如此，它仍会在高温下失去强度和由于温度分布不均匀而产生热变形，炉内煤气流频繁变化时损坏更为严重。

对于大中型高炉来说，炉身部位是整个高炉的薄弱环节，这里的工作条件虽然比下部好，但由于没有渣皮的保护，寿命反而较短。对于小型高炉，炉缸是薄弱环节，常因炉缸冷却不良、堵铁口泥炮能力小而发生炉缸烧穿事故。

最终决定炉衬寿命的因素有：

（1）炉衬质量，是决定炉衬寿命的关键因素，如耐火砖的化学成分、物理性质、外形公差等。

（2）砌筑质量，砌缝大小及是否均匀，膨胀缝是否合理，填料是否填实等。

（3）操作因素，如开炉时的烘炉质量，正常操作时各项操作制度是否稳定、合理。

（4）炉型结构尺寸是否合理，如炉身角、炉腹角等。

另一方面高炉内也存在着保护炉衬的因素，如合理的冷却设备、渣皮的形成、炉壳的存在，都有助于炉衬的保护，减弱了高温热应力的破坏。

3.2.2　高炉用耐火材料

3.2.2.1　对耐火材料的要求：

根据高炉炉衬的工作条件和破损机理，砌筑材料的质量对炉衬寿命有重要影响，故对高炉用耐火材料提出如下要求：

（1）耐火度要高。耐火度是指耐火材料开始软化的温度。它表示了耐火材料承受高温的能力。因为高炉长期在高温高压的条件下工作，要求耐火材料具有较高的耐火度，并且高温机械强度要大，具有良好的耐磨性，抗撞击能力。

（2）荷重软化点要高。将直径 36mm，高 50mm 的试样在 0.2MPa 荷载下升温，当温度达到某一值时，试样高度突然降低，这个温度就是荷重软化点。荷重软化点能够更确切地评价耐火材料的性能。

（3）Fe_2O_3 含量要低。耐火材料中的 Fe_2O_3 和 SiO_2 在高温下相互作用生成低熔点化合物，降低耐火材料的耐火度；在高炉内，耐火材料中的 Fe_2O_3 有可能被渗入砖衬中的 CO 还原生成海绵铁，而海绵铁又促进 CO 分解产生石墨碳沉积，构成对砖衬的破坏作用。

（4）重烧收缩要小。重烧收缩也称残余收缩，是表示耐火材料升至高温后产生裂纹可能性大小的一种尺度。

（5）气孔率要低。气孔率是耐火材料的重要指标之一，在高炉冶炼条件下，如果砖衬材料的气孔率大，则为石墨和锌沉积创造了条件，从而引起炉衬破坏。

3.2.2.2 高炉常用耐火材料

高炉常用的耐火材料主要有陶瓷质材料和炭质材料两大类。陶瓷质材料包括黏土砖、高铝砖、刚玉砖和不定形耐火材料等；炭质材料包括炭砖、石墨炭砖、石墨碳化硅砖、氮结合碳化硅砖等。

A 黏土砖和高铝砖

黏土砖是高炉上应用最广泛的耐火砖，它有良好的物理机械性能，化学成分与炉渣相近，不易和渣起化学反应，有较好的机械性能，成本较低。

高铝砖是 Al_2O_3 含量大于 48% 的耐火制品，它比黏土砖有更高的耐火度和荷重软化点，由于 Al_2O_3 为中性，故抗渣性较好，但是加工困难，成本较高。高炉用黏土砖和高铝砖的理化指标见表 3-7。

黏土砖和高铝砖的外形质量也非常重要，特别是精细砌筑部位更为严格，对于制品的尺寸允许偏差及外形分级规定见表 3-8。有时还需再磨制加工才能合乎质量要求，所以在贮运过程中要注意保护边缘棱角，否则会降低级别甚至报废。

表 3-7 高炉用黏土砖和高铝砖的理化指标

指　　　　标	黏　土　砖			高　铝　砖	
	XGN-38	GN-41	GN-42	GL-48	GL-55
Al_2O_3 含量/%	≥38	≥41	≥42	48～55	55～65
Fe_2O_3 含量/%	≤2.0	≤1.8	≤1.8	≤2.0	≤2.0
耐火度/℃	≥1700	≥1730	≥1730	≥1750	≥1770
0.2MPa 荷重软化开始温度/℃	≥1370	≥1380	≥1400	≥1450	≥1480
重烧线收缩/%，1400℃ 3h	≤0.3	≤0.3	≤0.2		
1450℃ 3h				≤0.3	
1500℃ 3h					≤0.3
显气孔率/%	≤20	≤18	≤18	≤18	≤10
常温耐压强度/MPa	≥30.0	≥55.0	≥40.0	≥50.0	≥50.0

表 3-8　黏土砖和高铝砖尺寸允许偏差及外形分级

项　目		单位	一级	二级
长度偏差		%	±1.0	±1.5
炉底砖长度偏差		mm	±2	±3
宽度偏差		%	±2	±2
厚度偏差		mm	±1	±2
扭曲	炉底砖	mm	≤1	≤1
	其它部位用砖	mm	≤1.5	≤2
缺角深度		mm	≤3	≤5
缺棱深度		mm	≤3	≤5
熔洞直径		mm	≤3	≤5
渣蚀			不准有	不准有
裂纹宽度≤0.25mm，长度		mm	不限制	不限制
裂纹宽度 0.26~0.50mm，长度		mm	≤15	≤15
裂纹宽度＞0.50mm，长度		mm	不准有	不准有

　　B　炭质耐火材料

　　近代高炉逐渐大型化，冶炼强度也有所提高，炉衬热负荷加重，炭质耐火材料具有独特的性能，因此逐渐应用到高炉上来，尤其是炉缸炉底部位几乎普遍采用炭质材料，其它部位炉衬的使用量也日趋增加。炭质耐火材料主要特性如下：

　　(1) 耐火度高，碳是不熔化物质，在 3500℃升华，在高炉冶炼温度下炭质耐火材料不熔化也不软化；

　　(2) 炭质耐火材料具有很好的抗渣性，对酸性与碱性炉渣都有很好的抗蚀能力；

　　(3) 具有高导热性，抵抗热震性好，可以很好地发挥冷却器的作用，有利于延长炉衬寿命；

　　(4) 线膨胀系数小，热稳定性好；

　　(5) 致命弱点是易氧化，对氧化性气氛抵抗能力差。一般炭质耐火材料在 400℃能被气体中 O_2 氧化，500℃时开始和 H_2O 作用，700℃时开始和 CO_2 作用，FeO 高的炉渣也易损坏它，所以使用炭砖时都砌有保护层。碳化硅质耐火材料发生上述反应的温度要高一些。

　　提高炭砖的质量，主要是设法提高其抗氧化性能，进一步提高其导热性能和抗碱性能。配料中加入石墨可以大幅度提高炭砖的热导率。提高抗碱性能和抗氧化性能的有效措施是降低炭砖的气孔率和气孔直径，提高其体积密度。热压成型比熔烧炭砖气孔率低，在普通炭砖中加入沥青再次加热可以堵死气孔，降低其气孔率。各国炭砖的理化性能见表 3-9。

　　我国生产的高炉用炭砖断面尺寸为 400mm×400mm，长度为 1200~3200mm，其质量要求是含碳量大于 92%，灰分小于 8%，耐压强度不低于 25MPa，显气孔率不大于 24%。

表 3-9 一些国家炭砖的理化性能

项目 国名	原料种类	热导率/W·(m·K)$^{-1}$	体积密度/t·m^{-3}	真空度/t·m^{-3}	全气孔率/%	耐压强度/MPa	灰分/%
美国	无烟煤	4.309	1.62	2.02	20.3	21.6	7.1
			1.54	2.07	21.7	14.0	6.7
德国	无烟煤	3.475	1.53	1.88	18.6	35.0	8
	无烟煤	4.17	1.58	1.84	15.0	42.5	8
	石墨	98.69	1.56	2.2	29.5	17.5	0.2
前苏联		6.978	1.6		显气孔率 17.5	27.5	2.7
英国	无烟煤	6.978		2.2	17.5	27.5	2.7
		116.2			19.5	27.5	0.5
		98.69			29.5	17.5	0.2
			≥1.5	≥1.9	≤20	≥35.0	≤8
日本（标准）	无烟煤	13.96 （400℃）	≥1.57	≥1.92	<18	>42.0	<4
中国	无烟煤和焦炭		≥1.5		显气孔率 ≤23	≥30.0	<8

用以 Si_3N_4 结合的碳化硅砖砌筑高炉炉身中下部，可以延长高炉寿命。这种砖的优点是：高温性能好（2600℃升华）、耐磨性好、抗渣性好、热膨胀小、热稳定性好、导热性好，其缺点主要是怕氧化。碳化硅砖性能见表 3-10。

表 3-10 日本、英国和荷兰高炉用碳化硅砖的性能

国名	日本			英国			荷兰	
砖种	Si_3N_4结合	直接结合	碳素结合	Si_3N_4结合	Si_2ON_2结合	直接结合	Si_2ON_2结合	直接结合
体积密度/g·cm^{-3}	2.78	2.73	1.98	2.60	2.67	2.55	2.53	2.52
显气孔率/%	12.5	15.0	14.4	13.6	14.6	13.2	20.0	（开口）18.0
常温耐压强度/MPa	156.8	137.2	38.2	147.0	>98.0	131.3	168.6	113.7
高温耐压强度/MPa（1400℃）	—	—	—	—	—	—	18.0	42.1
高温抗折强度/MPa（1400℃）	55.9	49.0	—	40.2	32.3	13.7（1500℃）	—	—
荷重软化温度/℃	>1750	>1750	1450	—	—	—	>1600	>1600
热导率/W·(m·K)$^{-1}$	16.66	13.40	—	14.02	—	—	—	—
抗碱性试验（试样掉2片或以上）	390[1]	340[1]	—	无侵蚀	基质受侵蚀	无侵蚀	—	无侵蚀

[1]试样于1400℃加热并保温 2h、碱处理后的抗折强度（×10^{5}Pa）。

C　不定形耐火材料

不定形耐火材料主要有捣打料、喷涂料、浇注料、泥浆和填料等。按成分可分炭质不定形耐火材料和黏土质不定形耐火材料。

耐火泥浆的作用是填充砖缝，将砖黏结成整体。砖缝是高炉砌砖的薄弱环节，炉衬的侵蚀和破坏首先从砖缝开始。因此耐火泥浆的质量对炉衬寿命有直接影响。耐火泥浆的粒度组成要与炉衬的砖缝相适应。

耐火泥浆由散状耐火材料调制而成，它应该有良好的筑炉性能，即良好的流动性、可塑性及保水性，保证揉砖时间内不干涸、以达到合乎要求的砖缝厚度及砖缝内泥浆饱满。还要有良好的高温性能保证高温下性能稳定及气孔率低。

填料是两层炉衬之间的隔热物质或是黏结物质。一般冷却壁之间用15mm锈接料，冷却壁与炭砖之间用150～200mm炭捣料，冷却壁与炉壳间用15～20mm稀泥浆，炉身砌砖与炉壳之间用100～150mm水渣石棉，炉身部位炉壳内喷涂30～50mm不定形耐火材料，炉喉与钢砖之间用75～150mm耐火泥，炉底炭砖与高铝砖之间用40mm炭糊，水冷管中心线以上用150～200mm炭捣层，水冷管中心线以下用150～200mm耐热混凝土。高炉砌砖用泥浆、填料的组成配比及应用详见表3-11。

表 3-11　高炉砌砖所用的泥浆和填料成分

项次	名　称	成分和数量	使用部位	附　注
1	碳素填料	体积比：粒度在4mm以下冶金焦80%～84% 煤焦油(脱水)8%～10%，煤沥青8%～10%	炉基黏土砖砌体与炉壳之间，以及黏土砖或高铝砖砌体与周围冷却壁之间的缝隙	
2	厚缝糊	质量比：粒度为0～8mm的热处理无烟煤或干馏无烟煤51%～53% 粒度为0～0.5mm的冶金焦33%～35%，油沥青13%～15%（油沥青成分：煤沥青69%～71%，蒽油31%～29%）	碳素砌体的厚缝以及炭砖砌体与周围冷却壁之间的缝隙 炉底平行砌筑炭砖的底层	由制造厂制成的
3	黏土火泥-石棉填料	体积比：NF-28粗粒黏土火泥60% 牌号7-370的石棉40%	炉身黏土砖或高铝砖砌体与炉壳之间、炉喉钢砖区域以及热风炉隔热砖与炉墙之间的缝隙	
4	水渣-石棉填料	体积比：干燥的水渣50% 牌号7-370的石棉50%	炉身黏土砖或高铝砖砌体与炉壳之间、热风炉下部隔热砖与炉墙之间的缝隙	
5	硅藻土填料	粒度为0～5mm的硅藻土粉	热风炉隔热砖与炉墙之间的缝隙	

项次	名　称	成分和数量	使用部位	附　注
6	黏土火泥-水泥泥料	体积比：NF-28 中粒黏土火泥 60%～70%，400 号硅酸盐水泥或矾土水泥 30%～40%	高炉炉底、底基、环梁托圈和热风炉炉底铁板找平层	
7	黏土火泥-水泥稀泥浆	体积比：NF-28 中粒黏土火泥 60%～65%，水泥 40%～35%	炉壳与周围冷却壁之间的缝隙	
8	黏土火泥泥浆	NF-40，NF-38，NF-34 黏土火泥	高炉炉身冷却箱区域及其以下各部位和热风炉各部位的黏土砖砌体	
9	黏土火泥-水泥半浓泥浆	体积比：NF-38 黏土火泥和外加 10% 的水泥	高炉炉身无冷却箱区域的黏土砖砌体和热风管的内衬	
10	黏土熟料-矾土-水玻璃半浓泥浆	质量比：黏土熟料粉 55%，工业用矾土 6%，水玻璃 10%，耐火生黏土（干料）5%，水 24%	高炉炉身砌体和热风管的砖衬	水玻璃的密度为 1.3～1.4g/cm³，模数为 2.6～3.0
11	高铝火泥泥浆	高铝火泥	各部位高铝砖砌体	
12	高铝火泥-水玻璃半浓泥浆	体积比：高铝火泥和外加 15% 的水玻璃	高炉炉身无冷却箱区域的高铝砌体	
13	碳素油	质量比：粒径为 0～0.5mm 的冶金焦 49%～51%，油沥青 51%～49%（其中煤沥青 45%，蒽油 55%）	炭砖砌体的薄缝以及黏土砖或高铝砖砌体与炭砖砌体的接缝处	由制造厂制成的

不定形耐火材料与成形耐火材料相比，具有成形工艺简单、能耗低、整体性好、抗热震性强、耐剥落等优点；还可以减小炉衬厚度，改善导热性等。

3.2.3 高炉炉衬的设计与砌筑

高炉炉衬设计的内容是选择各部位炉衬的材质，确定炉衬的厚度，说明砌筑方法以及材料计算。炉衬设计的合理可以延长高炉寿命，并获得良好的技术经济指标。

做炉衬设计时要考虑到以下 3 点：

(1) 高炉各部位的工作条件及其破损机理；

(2) 冷却设备形式及对砖衬所起的作用；

(3) 要预测侵蚀后的炉型是否合理。

3.2.3.1 砖型与砖数

砖型设计的合理才能保证砌筑质量。厚度一致可以获得最小的水平缝，长度选 230mm

和 345mm 两种可以使错缝方便，除需要直形砖外，宽度不等的楔形砖可以砌出环形炉衬。我国高炉用黏土砖和高铝砖形状及尺寸见表 3-12。

表 3-12　高炉用黏土砖和高铝砖形状及尺寸

砖　型	砖　号	尺寸/mm			
		a	b	b_1	c
直形砖	G-1	230	150	—	75
	G-7	230	115	—	75
	G-2	345	150	—	75
	G-8	345	115	—	75
楔形砖	G-3	230	150	135	75
	G-4	345	150	125	75
	G-5	230	150	120	75
	G-6	345	150	110	75

砖数计算：炉底部位可按砌砖总容积除以每块砖的容积来计算。求每层的砖数时，可以用炉底砌砖水平截面积除以每块砖的相应表面积来计算。一般还要考虑 2%～5% 的损耗。如果需要计算砖的重量，则用每块砖的重量乘砖数。高炉其它部位都是环形圆柱体或圆锥体，不论上下层或里外层，都要砌出环圈来，而砌成环圈时必须使用楔形砖。若砌任意直径的环圈，则需楔形砖和直形砖配合使用，一般以 G-1 直形砖与 G-3 或 G-5 楔形砖配合，G-2 直形砖与 G-4 或 G-6 楔形砖相配合。由于要求的环圈直径不同故直形砖和楔形砖的配合数目也不同。

如果单独用 G-3、G-4、G-5、G-6 楔形砖砌环圈可列出下式

$$n_s = \frac{2\pi a}{b - b_1} \qquad (3\text{-}24)$$

式中　n_s——砌一个环圈的楔形砖数，块；

　　　a——砖长度，mm；

　　　b——楔形砖大头宽度，mm；

　　　b_1——楔形砖小头宽度，mm；

由上式得知：每个环圈使用的楔形砖数 n_s 只与楔形砖两头宽度和砖长度有关，而与环圈直径无关。由此得出：

用 G-3 砌环圈需要砖数　$n_s = \dfrac{2\times 3.14\times 230}{150-135} = 97$　块

用 G-4 砌环圈需要砖数　$n_s = \dfrac{2\times 3.14\times 345}{150-125} = 87$　块

用 G-5 砌环圈需要砖数　$n_s = \dfrac{2\times 3.14\times 230}{150-120} = 48$　块

用 G-6 砌环圈需要砖数　$n_s = \dfrac{2\times 3.14\times 345}{150-110} = 54$　块

同时得到单独用上述 4 种楔形砖所砌环圈的内径依次是 4150mm、3450mm、1840mm、

1897mm。如果要砌筑任意直径的圆环，需要直形砖与楔形砖配合使用，直形砖砖数可由下式计算：

$$n_z = \frac{\pi d - n_s b_1}{b} \tag{3-25}$$

式中　n_z——直形砖数；

　　　　n_s——楔形砖数，砖型确定后，是一常数；

　　　　b_1——楔形砖小头宽度，mm；

　　　　b——直形砖宽度，mm；

　　　　d——环圈内径，mm。

计算例题：试用 G-3 与 G-1 砖砌筑内径为 7.2m 的圆环，求所需楔形砖数及直形砖数。

解：$n_s = \frac{2\pi a}{b - b_1} = \frac{2 \times 3.14 \times 230}{150 - 135} = 97$ 块

$n_z = \frac{\pi d - n_s b_1}{b} = \frac{3.14 \times 7200 - 97 \times 135}{150} = 65$ 块

3.2.3.2 高炉各部位炉衬设计与砌筑

综合分析高炉炉衬的破损机理发现，高温是炉衬破损的根本条件，其次是渣铁液、碱金属的侵蚀，机械冲刷、渗漏、胀缩开裂、磨损等的动力作用也不可忽视，但就主次来说，应着重从传热学来分析，其次也要从化学侵蚀、动力学来研究，才能得到合理的炉衬结构。

A　炉底

炉底、炉缸承受高温、高压、渣铁冲刷侵蚀和渗透作用，工作条件十分恶劣。过去较长一段时间，炉底炉缸一律采用黏土砖或高铝砖砌筑，近数十年来大中型高炉广为采用炭砖砌筑。只有中小型高炉现在仍多采用黏土砖或高铝砖砌筑。

1964 年，鞍钢 7 号高炉首次采用综合炉底结构，它是在风冷管炭捣层上满铺 3 层 400mm 炭砖，上面环形炭砖砌至风口中心线，中心部位砌 6 层 400mm 高铝砖，环砌炭砖与中心部位高铝砖相互错台咬合，其寿命达到了 12.4 年，每 1m³ 高炉容积产铁 6471t。以后又在鞍钢多座高炉使用，不过在高铝砖和炭砖的厚度上有所调整，总的趋势是炉底减薄了。在使用综合炉底之前，高炉黏土砖炉底厚度要大于炉缸直径的 0.6 倍，综合炉底厚度可以降到炉缸直径的 0.3 倍。综合炉底结构见图 3-3。

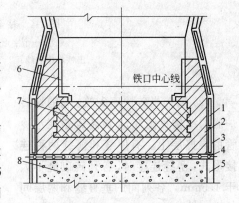

图 3-3　综合炉底结构示意图

1—冷却壁；2—炭砖；3—碳素填料；

4—水冷管；5—黏土砖；6—保护砖；

7—高铝砖；8—耐热混凝土

武钢也曾采用综合炉底结构，在生产中发现在高铝砖和炭砖咬砌部位产生环形裂缝，经分析认为是由于高铝砖和炭砖膨胀系数不同造成的，所以后来采用全炭砖炉底。宝钢 1 号 4063m³ 高炉在大修前采用全炭砖炉底，全炭砖水冷炉底厚度可以进一步减薄。目前大型高炉普遍采用全炭砖炉底。包钢实践证明，冶炼含氟矿石应采用全炭砖炉底。

炉衬砌筑质量和炉衬材质具有同等的重要性，因此，对砌筑砖缝的厚度、砖缝的分布等都有严格要求。

炉底砌筑：

（1）黏土砖和高铝砖炉底的砌筑。黏土砖或高铝砖炉底均采用立砌，层高345mm，砌筑由中心开始，成十字形，结构如图3-4所示。为了错开上下两层砖缝，上下两层的十字中心线成22.5°～45°；为了防止两层砖中心缝相通，上下两层中心点应错开半块砖。最上层砖缝与铁口中心线成22.5°～45°。

图 3-4　黏土砖和高铝砖炉底砌砖
a—十字形砌砖；b—砌砖中心线
1—出铁口中心线；2—单数层中心线；3—双数层中心线

（2）满铺炭砖炉底砌筑。满铺炭砖炉底的结构见图3-5，炭砖砌筑在水冷管的炭捣层上。有厚缝和薄缝两种连接形式，薄缝连接时，各列砖砌缝不大于1.5mm，各列间的垂直缝和两层间的水平缝不大于2.5mm。厚缝连接时，砖缝为35～45mm，缝中以炭素料捣固。目前的砌法是炭砖两端的短缝用薄缝连接，而两侧的长缝用厚缝连接。相邻两行炭砖必须错缝200mm以上。两层炭砖砖缝成90°，最上层炭砖砖缝与铁口中心线成90°。

（3）综合炉底砌筑。综合炉底的砌筑见图3-6，炉底中心部位的高铝砖砌筑高度必须与周围环形炭砖高度一致，高铝砖与环砌炭砖间的连接为厚缝，环砌炭砖与冷却壁之间膨胀缝填

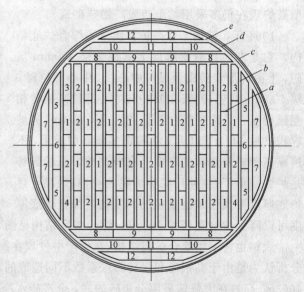

图 3-5　满铺炭砖炉底砌筑
a—薄缝；b—厚缝；c—炉壳；
d—冷却壁；e—炭砖与冷却壁间填料缝

以碳素填料。环砌炭砖为薄缝连接,炉底满铺炭砖侧缝为厚缝连接,端缝为薄缝连接。

环砌炭砖为楔形炭砖,大小头尺寸由计算而定,厚度为400mm,第一层应能盖上3块半满铺炭砖,以上每层与高铝砖交错咬砌200~300mm,死铁层处炭砖比其下层炭砖长250~300mm。上下两层砖之间的垂直缝和环缝要错开,并且采用薄缝连接。

B　炉缸

炉缸工作条件与炉底相似,而且装有铁口、风口,有的高炉还有渣口。每天有大量铁水流过铁口、开堵铁口有剧烈地温度波动和机械振动。渣口附近有炉渣的冲刷和侵蚀。风口前边是燃烧带,为高炉内温度最高的区域。

中小型高炉多采用黏土砖或高铝砖炉缸。

炭砖问世以后,炉缸开始采用炭砖砌筑。由于担心炉缸区域有氧化性气氛,最初将炭砖砌至渣口中心线,因冶炼过程中渣面将超过渣口,并且炭砖和黏土砖或高铝砖连接处是薄弱环节,后来把炭砖砌至风口和渣口之间。现在大型高炉已把炭砖砌至炉缸上缘,工作效果良好。包钢冶炼含氟矿石,因炉渣对黏土砖侵蚀强烈,炉缸以炭砖砌筑。初期的炭砖炉缸,铁口曾以高铝砖砌筑,后来由于无水炮泥的使用,发现铁口用炭砖砌筑更为合理,用小块高铝砖砌筑时容易脱落。

炉缸砌筑:

(1)黏土砖或高铝砖炉缸的砌筑。炉缸砌砖从铁口开始向两侧进行,出铁口通道上下部侧砌。风口和渣口部位砌砖前先安装好水套,靠水套的砖应做精加工,砌砖与水套之间保持15~25mm缝隙,填充浓泥浆。铁口、渣口和风口砌砖紧靠冷却壁,缝隙1~5mm,缝内填充浓泥浆。

炉缸各层皆平砌;同层相邻砖环的放射缝应错

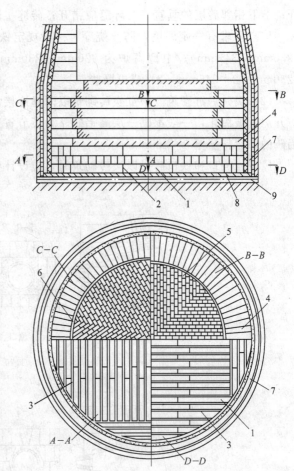

图 3-6　综合炉底的砌筑

1—满铺炭砖;2—薄缝;3—厚缝;4—环砌炭砖;
5—高铝砖;6—内环缝;7—外环缝;8—炭捣层;
9—水冷管

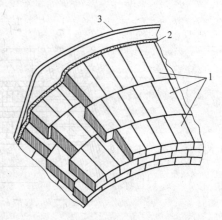

图 3-7　炉缸砌砖

1—砖环;2—碳素填料;3—冷却壁

开；上下相邻砖层的垂直缝与环缝应错开；砖缝小于0.5mm，环缝5mm，见图3-7。

炉缸要求有一定厚度，防止烧穿，一般规定铁口水平面处的厚度，小高炉为575mm（230mm＋345mm）；中型高炉为920mm（230mm＋345mm×2）；大型高炉为1150mm（230mm×2＋345mm×2）或更厚些。

（2）炭砖炉缸砌筑。炉缸炭砖砌筑以薄缝连接。在炭砖炉缸的内表面设有保护层，以防开炉时被氧化，一般都砌一层高铝砖。为了节省工时和降低投资，近来有用涂料代替高铝砖的，涂料层厚5～8mm。

风口、渣口和铁口砖衬以炭砖砌筑时，应设计异型炭砖，见图3-8。

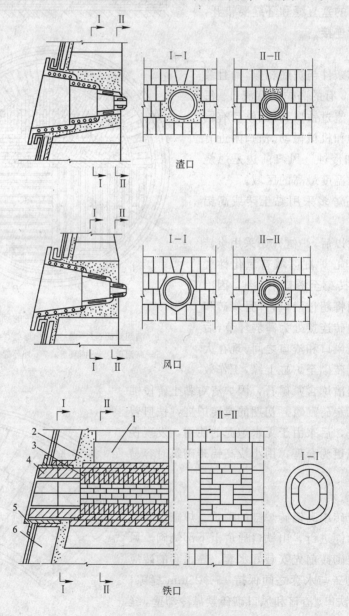

图 3-8　渣口、风口和铁口的砌筑
1—炭砖；2—碳素填料；3—侧砌盖砖；4—异型砖；5—出铁口框；6—冷却壁

炉缸和炉底均采用光面冷却壁，砌砖与冷却壁之间留有 100~150mm 缝隙，其中填以炭质填料。

20 世纪 50 年代，高炉炉缸烧穿是对我国高炉生产的主要威胁，也是影响高炉寿命的主要限制环节。当时，炉底、炉缸的砌筑材料是导热性极差的高铝砖和黏土砖，抗不住渣铁的侵蚀和机械冲刷。50 年代末，在我国大高炉开始采用以炭砖为主体的综合炉底，且炉底采用风冷或水冷，炉底、炉缸工作状况大为改观，之后 20 多年没有发生大高炉炉缸烧穿事故。

进入 20 世纪 80 年代以来，情况有了变化，几座强化冶炼水平高（利用系数由六七十年代的 1.2~1.5t/（m³·d）提高到 1.8~2.2t/（m³·d），甚至更高）的大高炉炉缸（包括被侵蚀后的炉底的围墙部分）纷纷告急，而且出现了大修后一两年内炉缸冷却壁水温差急剧升高，并出现险情，六七十年代那种炉缸炉底一用十几年的现象不复存在了。

对于炉底、炉缸损坏的原因，概括起来有下面几条：热应力导致大块炭砖产生环状断裂；碱腐蚀；液态渣铁冲刷和铁水渗透；机械应力；冷却器漏水；铁水的熔蚀。

常规大尺寸炭砖是以煅烧无烟煤、焦炭为骨料，以沥青焦油为结合剂，经热混合、挤压成型、800~1400℃烧成及机械加工而成。烧成中结合剂碳化，将炭颗粒黏结并部分挥发逸散，使炭砖形成孔隙。这些孔隙正是高炉内碱金属入侵的途径。通常碱金属沿气孔进入炭砖，在 750~900℃与碳反应生成层状混合物，使炭砖体积膨胀而裂散。

炉缸常规大炭砖损坏的特征，是在单环环形炭砖内形成环状裂缝。环状裂缝形成的机理，除碱金属侵蚀外，还与大炭砖热导率较低（10W/（m·K））引起的冷热面温度差太大（可达 1450℃）有关，它使炭砖在炉缸厚度方向产生不易缓冲的差热膨胀。工作热面与冷面的体积膨胀差值在同一大炭砖中产生巨大的应力，导致距炭砖热面一定尺寸处形成环状裂缝。由于充满气体的炭砖环状裂缝降低了传热效果，炭砖热面不容易形成保护性"渣皮"，已形成的"渣皮"也会脱落。没有"渣皮"保护的炭砖，必将受到铁水及碱金属的剧烈侵蚀。因此，在炉缸、炉底设计中，除了合理的结构外，还应正确选择耐火材料，这是延长高炉炉缸、炉底寿命的关键。

法国"陶瓷杯"与美国 UCAR 热压小炭块方案是目前国际上比较流行的两种炉缸炉底结构方案。

（3）美国 UCAR 热压小炭砖炉缸——散热型。基于上述观点，美国提出了选用高热导率、低渗透度和优良抗碱侵蚀性能的炭质材料，采用小块热压成型炭砖砌筑，以减小单块砖的温度梯度，并使用特殊泥浆吸收温度造成的热应力，热量能顺利传递到冷却系统。其结构示意图如图 3-9 所示。

热压炭砖的骨料及结合剂与常规炭砖相同。为提高抗碱性能，在配料中另加 9%~9.5% 的石英和硅石。使钠和钾优先与石英和硅石中的 SiO_2 反应，生成无破坏性的化合物，以消除使炭砖膨胀裂散的层状化合物。混合料送往可通电加热的特制砖模内，用液压机边加压边

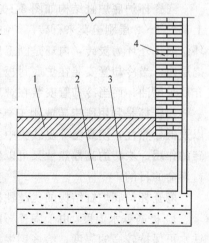

图 3-9　美国 UCAR 热压
小炭砖炉缸结构

1—高铝质耐火砖；2—大炭砖；

3—混凝土；4—热压小炭砖

加热，2.5～8min 内升至 1000℃ 左右，使结合剂碳化，炽热的炭砖出模后经水淬冷及磨加工处理，热压过程中挥发物逸出时留下的孔隙被压紧甚至封闭，其透气率仅为常规大炭砖的 1% 左右。这种低透气率并加入抗碱剂的热压炭砖热导率比常规大炭砖几乎高一倍，因此有利于炉缸炭砖热面凝固物料早期形成"渣皮"保护层，防止或减轻高炉环境气体及熔体对炭砖的化学侵蚀。常规大炭砖与热压小炭砖的主要性能比较见表 3-13。

表 3-13　常规大炭砖与热压小炭砖的主要性能比较

项目	体积密度/ g·cm⁻³	常温抗压 强度/MPa	抗折强度/ MPa	灰分/%	透气率/ 毫达西	热导率/W·(m·K)⁻¹			
						600℃	800℃	1000℃	1200℃
常规大炭砖	1.6	17.9	4.1	8.0	800	10.4	10.4	10.5	10.9
热压炭砖 NMA	1.62	30.5	8.1	10.0①	9	18.4	18.8	19.3	19.7

①包括为控制碱侵蚀而特意加入的 9%～9.5% 石英和硅石。

热压炭砖的尺寸缩小为 229mm×114mm×64mm～514mm×229mm×114mm。它与单环大炭砖砌成的炉缸不同，热压炭砖炉缸是用多环小炭砖紧靠冷却壁或炉壳（外部喷水冷却）砌成，其间没有炭捣厚缝，这对于调节与缓冲差热膨胀有利，可避免因热应力而产生的环状裂缝。小炭砖间的 2mm 砖缝，采用热固性炭胶（由液态酚醛树脂和石墨粉组成）粘结。由于炭胶能在使用中碳化，黏结强度及热导率均很高，能缓冲热膨胀，既不阻碍砖的膨胀位移，又能使热面碳化形成致密的封口。

热压炭砖已在世界上数百座高炉应用，使用寿命都在 10 年以上。

（4）法国"陶瓷杯"——隔热保温型。20 世纪 80 年代初，法国 Savoie 耐火材料公司在蒂森钢铁公司高炉上就已开发并安装了一种新型复合式炉衬，由于其类似一个杯子，故称为"陶瓷杯"。

陶瓷杯炉底炉缸结构如图 3-10 所示。炉底砌砖的下部为垂直或水平砌筑的炭砖，炭砖上部为 1～2 层刚玉莫来石砖。炉缸壁是由通过一厚度灰缝（60mm）分隔的两个独立的圆环组成，外环为炭砖，内环是刚玉质预制块。炉底下端为循环水冷却系统，冷却管埋入碳捣层内，当冷却管安装在炉底封板上面时，为防止水泄漏后损坏炭砖，有的高炉炉底冷却介质采用油；而当冷却管安装在炉底封板下面时，冷却介质一般采用水或空气。

陶瓷杯是利用刚玉砖或刚玉莫来石炉衬的高荷重软化温度和较强的抗渣铁侵蚀性能，以及低导热性，使高温等温线集中在刚玉或刚玉莫来石砖炉衬内。陶瓷杯起保温和保护炭砖的作用。炭砖的高导热性又可以将陶瓷杯输入的热量，很快传导出去，从而达到提高炉衬寿命的目的。

陶瓷杯炉底炉缸结构的优越性概况起来有以下几点：

1）提高铁水温度。由于陶瓷杯的隔热保温作用，减少了通过炉底炉缸的热损失，因此，铁水可保持较高的温度，给炼钢生产创造了良好的节能条件。

2）易于复风操作。由于陶瓷杯的保温作用，在高炉休风期间，炉子冷却速度慢，热损失减少，这有利于复风时恢复正常操作。

3）防止铁水渗漏。由于 1150℃ 等温线紧靠炉衬的内表面，并且由于耐火材料的膨胀，缩小了砖缝，因而铁水的渗透是有限的，降低了炉缸烧穿的危险性。

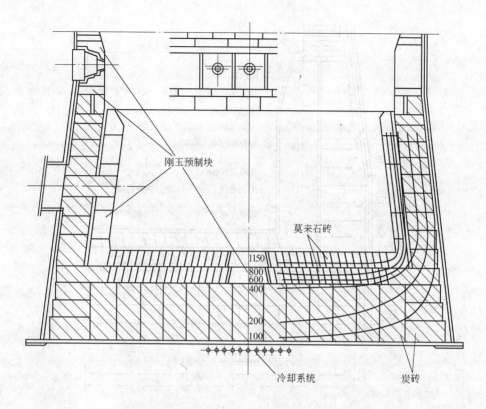

图 3-10 陶瓷杯结构及理论等温线分布图

（5）热压小炭砖——陶瓷杯技术。1994 年，首钢 1 号高炉（2536m³）引进美国 UCAR 公司的热压炭砖和法国 Savoie 公司的陶瓷杯技术，将"导热法"和"耐火材料法"两种炉衬设计系统结合在一起，集二者之长，以期实现高炉长寿的目标。炉缸结构如图 3-11 所示。

C 炉腹、炉腰和炉身下部

从炉腹到炉身下部的炉衬要承受煤气流和炉料的磨损，碱金属和锌蒸气渗透的破坏作用，初渣的化学侵蚀以及由于温度波动所产生的热震破坏作用。

开炉后炉腹部位的砌砖很快被侵蚀掉，靠渣皮工作，一般砌一层高铝砖或黏土砖，厚度为 345mm。

炉腰有 3 种结构形式，即厚壁炉腰、薄壁炉腰和过渡式炉腰，见图 3-12。

高炉冶炼过程中部分煤气流沿炉腹斜面上升，在炉腹与炉腰交界处转弯，对炉腰下部冲刷严重，使这部分炉衬侵蚀较快，使炉腹段上升，径向尺寸亦有扩大，使得设计炉型向操作炉型转化。厚壁炉腰的优点是热损失少，但侵蚀后操作炉型与设计炉型变化大，等于炉腹向上延长，对下料不利。径向尺寸侵蚀过多时会造成边缘煤气流的过分发展。薄壁炉腰的热损失大些，但操作炉型与设计炉型近似，可避免厚壁炉腰的缺点。过渡式炉腰结构处于两者之间。设计炉型与操作炉型关系复杂，做炉型设计时应全面考虑。

炉身砌砖厚度通常为 690～805mm，目前趋于向薄的方向发展，有的炉衬厚度采用 575mm。炉腹、炉腰和炉身下部较长时间采用黏土砖或高铝砖砌筑。包钢冶炼含氟矿石，炭

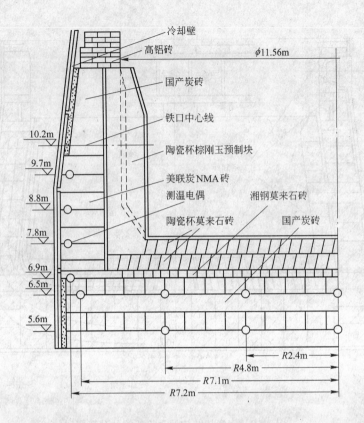

图 3-11　首钢 1 号高炉炉底、炉缸结构

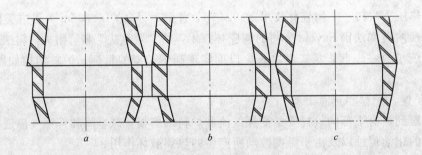

图 3-12　炉腰结构形式

a—薄壁；*b*—厚壁；*c*—过渡式

砖砌到炉身三分之二处；宝钢 1 号高炉采用体积密度为 2.9t/m³、$Al_2O_3 \geqslant 88\%$ 的刚玉砖；欧美等国以及鞍钢高炉采用碳化硅砖砌筑炉身中下部，取得良好效果。

用镶砖冷却壁冷却炉腹、炉腰及炉身下部，砌砖紧靠冷却壁，缝隙填浓泥浆。也有的厚墙炉身，采用冷却水箱冷却，这时砌砖与冷却水箱之间侧面和上面缝隙为 5～20mm，下面为 40～80mm，缝间填充浓泥浆。水箱周围的两块砖紧靠炉壳砌筑，间隙为 10～15mm。

炉腹、炉腰砌砖砖缝应不大于 1mm，炉身下部不大于 1.5mm，上下层砌缝和环缝均应错开。炉身倾斜部分按 3 层砖错台一次砌筑。

D 炉身上部和炉喉

炉身上部温度较低,主要受煤气流冲刷与炉料摩擦而破损。该部位一般采用高铝砖或黏土砖砌筑。宝钢1号高炉炉身上部以高铝砖砌筑,砖缝小于2mm。

炉身上部砌砖与炉壳间隙为100～150mm,填以水渣-石棉隔热材料。为防止填料下沉,每隔15～20层砖,砌二层带砖即砖紧靠炉壳砌筑,带砖与炉壳间隙为10～15mm。

炉喉除承受煤气冲刷、炉料摩擦外,还承受装料时温度急剧波动的影响,有时受到炉料的直接撞击作用。炉喉衬板一般以铸铁、铸钢件制成,称为炉喉钢砖或条状保护板,见图3-13。炉喉有几十块保护板,在炉喉的钢壳上装有吊挂座,座下装有横的挡板,板之间留20mm间隙,保证保护板受热膨胀时不相互碰挤,条状保护板是较为合理的炉喉装置。

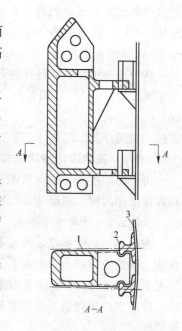

图 3-13 炉喉钢砖
1—炉喉钢砖;2—钢轨形吊挂;
3—炉壳

3.3 高炉冷却设备

3.3.1 冷却设备的作用

高炉冷却设备是高炉炉体结构的重要组成部分,对炉体寿命可起到如下作用:

(1)保护炉壳。在正常生产时,高炉炉壳只能在低于80℃的温度下长期工作,炉内传出的高温热量由冷却设备带走85%以上,只有约15%的热量通过炉壳散失。

(2)对耐火材料的冷却和支承。在高炉内耐火材料的表面工作温度高达1500℃左右,如果没有冷却设备,在很短的时间内耐火材料就会被侵蚀或磨损。通过冷却设备的冷却可提高耐火材料的抗侵蚀和抗磨损能力。冷却设备还可对高炉内衬起支承作用,增加砌体的稳定性。

(3)维持合理的操作炉型。使耐火材料的侵蚀内型线接近操作炉型,对高炉内煤气流的合理分布、炉料的顺行起到良好的作用。

(4)当耐火材料大部分或全部被侵蚀后,能靠冷却设备上的渣皮继续维持高炉生产。

3.3.2 冷却介质

根据高炉不同部位的工作条件及冷却的要求,所用的冷却介质也不同,一般常用的冷却介质有:水、空气和汽水混合物,即水冷、风冷和汽化冷却。对冷却介质的要求是:有较大的热容量及导热能力;来源广、容易获得、价格低廉;介质本身不会引起冷却设备及高炉的破坏。

高炉冷却用冷却介质主要是水,很少使用空气。因为水热容量大、热导率大、便于输送,成本低廉。水-汽冷却汽化潜热大、用量少,可以节水节电,适于缺水干旱地区。空气热容小,导热性不好,热负荷大时不宜采用,而且排风机消耗动力大,冷却费用高。以前曾采用风冷炉底,现在也被水冷炉底所代替。

工业用水的来源是江河湖泊水也称地表水,也有井水称地下水,以上又总称天然水。天然水中都溶解一定量的钙盐和镁盐。以每 $1m^3$ 水中钙、镁离子的摩尔数表示水的硬度。根据硬度不同，水可分为软水（小于 $3mol/m^3$），硬水（$3\sim9mol/m^3$），极硬水（大于 $9mol/m^3$）。我国地表水多为 $2\sim4mol/m^3$，地下水因地而异，有的很低，有的高达 $25mol/m^3$。

高炉冷却用水如果硬度过高，则在冷却设备中容易结垢，水垢的热导率极低，1mm 厚水垢可产生 $50\sim100$℃的温差，从而降低冷却设备效率，甚至烧坏冷却设备。水的软化处理，就是将水中钙、镁离子除去，通常采用的方法是以不形成水垢的钠阳离子置换。置换过程经过一中间介质，即离子交换剂来实现。

3.3.3　高炉冷却结构形式

由于高炉各部位热负荷不同，采用的冷却形式也不同。现代高炉冷却方式有外部冷却和内部冷却两种。内部冷却结构又分为冷却壁、冷却板、板壁结合冷却结构及炉底冷却。

3.3.3.1　外部喷水冷却

在炉身和炉腹部位装设有环形冷却水管，水管直径 $\phi50\sim\phi150mm$，距炉壳约 100mm，水管上朝炉壳的斜上方钻有若干 $\phi5\sim\phi8mm$ 小孔，小孔间距 100mm。冷却水经小孔喷射到炉壳上进行冷却。为了防止喷溅，在炉壳上装有防溅板，防溅板与炉壳间留有 $8\sim10mm$ 缝隙，冷却水沿炉壳流下至集水槽再返回水池。外部喷水冷却装置结构简单，检修方便，造价低廉。

喷水冷却装置适用于小型高炉，对于大型高炉，只有在炉龄晚期冷却设备烧坏的情况下使用，作为一种辅助性的冷却手段，防止炉壳变形和烧穿。

3.3.3.2　冷却壁

冷却壁设置于炉壳与炉衬之间，有光面冷却壁和镶砖冷却壁两种，如图 3-14 所示。

A　光面冷却壁

光面冷却壁基本结构见图 3-14a。在铸铁板内铸有无缝钢管。铸入的无缝钢管为 $\phi34mm\times5mm$ 或 $\phi44.5mm\times6mm$，中心距为 $100\sim200mm$ 的蛇形管，管外壁距冷却壁外表面为 30mm 左右，所以光面冷却壁厚 $80\sim120mm$，水管进出部分需设保护套焊在炉壳上，以防开炉后冷却壁上涨，将水管切断。

光面冷却壁用于风口以下炉缸和炉底部位。风口区冷却壁的块数为风口数目的两倍；渣口周围上下段各两块，由 4 块冷却壁组成。光面冷却壁尺寸大小要考虑到制造与安装方便，冷却壁宽度一般为 $700\sim1500mm$，圆周冷却壁块数最好取偶数；冷却壁高度视炉壳折点而定，一般小于 3000mm，应方便吊运和容易送入炉壳内。冷却壁用方头螺栓固定在炉壳上，每块 4 个螺栓。同段冷却壁间垂直缝为 20mm，上下段间水平缝为 30mm，上下两段冷却壁间垂直缝应相互错开，缝间用铁质锈接料锈接严密。光面冷却壁与炉壳留 20mm 缝隙，并用稀泥浆灌满，与砖衬间留缝 $100\sim150mm$，填以碳素料。

B　镶砖冷却壁

所谓镶砖冷却壁就是在冷却壁的内表面侧（高炉炉体内侧）的铸肋板内铸入或砌入耐火材料，耐火材料的材质一般为黏土质、高铝质、炭质或碳化硅质。一般是在制作砂型时就将耐火砖砌入铸型中，然后注入铁水。也有的是先浇铸成带肋槽的冷却壁，然后将耐火砖砌入肋槽内或者将不定形耐火材料填充在肋槽内。

镶砖冷却壁与光面冷却壁相比，更耐磨、耐冲刷、易粘结炉渣生成渣皮保护层，代替炉衬工作。从外形看，一般有 3 种结构型式：普通型、上部带凸台型和中间带凸台型，见

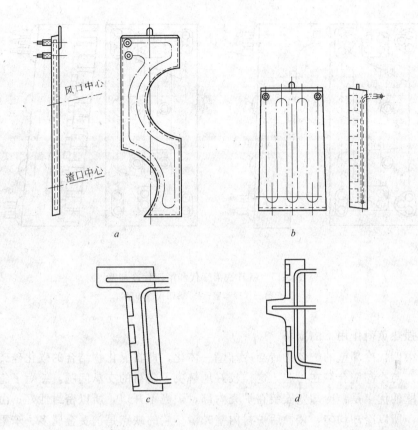

图 3-14　冷却壁基本结构

a—渣铁口区光面冷却壁；*b*—镶砖冷却壁；
c—上部带凸台镶砖冷却壁；*d*—中间带凸台镶砖冷却壁

图 3-14*b*、*c*、*d*。

　　凸台冷却壁的凸台部分起到支撑上部砌砖的作用，可以取消最上层的支梁水箱，简化了冷却系统结构、减少了炉壳开孔。中间带凸台的冷却壁比上部带凸台的有更大的优越性，当凸台部分被侵蚀后整个冷却系统仍是一个整体，而上部带凸台的冷却壁当凸台被侵蚀后，凸台部分就不起冷却作用了。

　　镶砖冷却壁厚度为 250~350mm，主要用于炉腹、炉腰和炉身下部冷却，炉腹部位用不带凸台的镶砖冷却壁。镶砖冷却壁紧靠炉衬。

　　冷却水管在冷却壁内的排列形状、位置、数量和层数以及冷却壁本身的材质对冷却壁的寿命是至关重要的，通过研究冷却壁的损坏机理和考虑它的结构合理性后，新日铁开发了第三代和第四代冷却壁，其结构见图 3-15。第三代和第四代冷却壁的主要特点是：

　　(1) 设置边角冷却水管，以防止冷却壁边角部位母材开裂。

　　(2) 采用双层冷却水管，即在原有的冷却水管背面设置蛇形冷却水管，不但加强了冷却强度，而且当内层冷却管损坏后，外层冷却管仍可继续工作，从而保证了炉役末期继续维持正常冷却。

　　(3) 加强凸台部位的冷却强度，采用双排冷却水管冷却。并在凸台部位前端埋入耐火

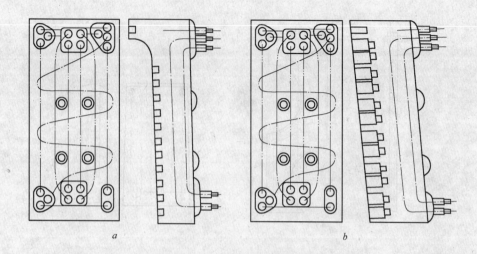

图 3-15　新日铁第三代和第四代冷却壁

a—第三代冷却壁；b—第四代冷却壁

砖，防止强热负荷作用下的损坏。

（4）第四代冷却壁的炉体砌砖与冷却壁一体化，即将氮化物结合的碳化硅砖（相当于炉体砌砖）与冷却壁合铸在一起，这样较好地解决了砖衬的支承问题，缩短了施工工期。

冷却壁的优点是：冷却壁安装在炉壳内部，炉壳不开口，所以密封性好；由于均布于炉衬之外，所以冷却均匀，侵蚀后炉衬内壁光滑。它的缺点是消费金属多、笨重、冷却壁损坏后不能更换。

3.3.3.3　冷却板

冷却板又称扁水箱，材质有铸铜、铸钢、铸铁和钢板等，以上各种材质的冷却板在国内高炉均有使用。冷却板厚度 70～110mm，内部铸有 $\phi44.5mm \times 6mm$ 无缝钢管，常用在炉腰和炉身部位，呈棋盘式布置，一般上下层间距 500～900mm，同层间距 150～300mm，炉腰部位比炉身部位要密集一些。冷却板前端距炉衬设计工作表面一砖距离 230mm 或 345mm，冷却水进出管与炉壳焊接，密封性好。

由于铜冷却板具有导热性好、铸造工艺较简单的特点，所以从 18 世纪末期就开始用于高炉冷却。在一百多年的使用中，进行了不断的改进，发展为现在的六室双通道结构如图 3-16 所示。它是采用隔板将冷却板腔体分隔成 6 个室，即把冷却板断面分成 6 个流体区域，并采用两个进出水通道进行冷却。

此种冷却板结构的特点：

（1）适用于高炉高热负荷区的冷却，采用密集式的布置形式，如宝钢 1 号和 2 号高炉冷却板层距为 312mm，霍戈文艾莫依登厂 4 号高炉冷却板层距为 305mm。

（2）冷却板前端冷却强度大，不易产生局部沸腾现象；

（3）当冷却板前端损坏后可继续维持生产；

（4）双通道的冷却水量可根据高炉生产状况分别进行调整。

（5）铜冷却板的铸造质量大大提高，为了避免铸造件内外部缺陷，采用了真空处理等手段，并选用了射线探伤标准（ASTM—E272）。

（6）能维护较厚的炉衬，便于更换，重量轻、节省金属。但是冷却不均匀，侵蚀后高炉内衬表面凸凹不平，不利于炉料下降。

3.3.3.4 板壁结合冷却结构

冷却板的冷却原理是通过分散的冷却元件（冷却板）伸进炉内的长度（一般 700～800mm）来冷却周围的耐火材料，并通过耐火材料的热传导作用来冷却炉壳。从而起到延长耐火材料使用寿命和保护炉壳的作用。冷却壁的冷却原理是通过冷却壁形成一个密闭的围绕高炉炉壳内部的冷却结构、实现对耐火材料的冷却和对炉壳的直接冷却。从而起到延长耐火材料使用寿命和保护炉壳的作用。

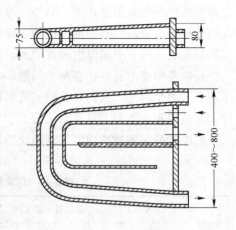

图 3-16　冷却板

对于全部使用冷却板设备冷却的高炉，冷却板设置在风口部位以上一直到炉身中上部。炉身中上部到炉喉钢砖和风口以下采用喷水冷却或光面冷却壁冷却。

全部使用冷却壁设备冷却的高炉，一般在风口以上一直到炉喉钢砖采用镶砖冷却壁，风口以下采用光面冷却壁。在实际使用中，大多数高炉根据冶炼的需要，在不同部位采用各种不同的冷却设备。这种冷却结构形式对整个炉体冷却来说，称为板壁结合冷却结构。近十多年来，随着炼铁技术的发展和耐火材料质量的提高，高炉寿命的薄弱环节由炉底部位的损坏转移到炉身下部的损坏。因此，为了缓解炉身下部耐火材料的损坏和炉壳的保护，在国内外一些高炉的炉身部位采用了冷却板和冷却壁交错布置的结构形式，起到了加强耐火材料的冷却和支托作用，又使炉壳得到了全面的保护。

日本川崎制铁厂的千叶 6 号高炉（4500m³）和水岛 4 号高炉（4826m³），在炉身部位采用冷却板和冷却壁交错布置的冷却结构，见图 3-17。

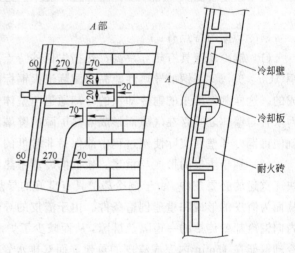

图 3-17　板壁交错布置结构

在高炉炉身部位使用板壁结合冷却结构形式，是一种新型的冷却结构形式。它既实现了冷却壁对整个炉壳的覆盖冷却作用，又实现了冷却板对炉衬的深度方向的冷却，并对冷却壁上下层接缝冷却的薄弱部位起到了保护作用，因而有良好的适应性。

3.3.3.5 新型冷却壁——铜冷却壁

由于球墨铸铁在高炉操作的条件下磨损严重，同时在热负荷和温度的急剧波动条件下，其裂纹敏感性也很高，甚至在第四代铸铁冷却壁上也不能完全克服这些不足之处，这就限制了冷却壁寿命的进一步提高。铸铁冷却壁的冷却水管是铸入球墨铸铁本体内的，由于材质及膨胀系数不同，冷却水管与铸铁本体之间存在 0.1～0.3mm 的气隙，这一气隙会成为冷却壁传热的主要限制环节。另外,冷却壁中铸入冷却水管而使铸造本体产生裂纹,并且在铸造过程中为避免石墨渗入冷却水管中必须采用金属或陶瓷涂料层加以保护,保护层起了隔热夹层作用,引起温度梯度增大,造成热面温度升高而产生裂纹。

铸铁冷却壁主要存在着两个问题,一是冷却壁的材质问题,二是水冷管的铸入问题。为了解决这两个问题,人们开始研究轧制铜冷却壁。此种铜冷却壁是在轧制好的壁体上加工冷却水通道和在热面上设置耐火砖。

铜冷却壁与铸铁冷却壁特性的比较见表 3-14。

表 3-14 铜冷却壁与铸铁冷却壁特性比较

项　　目	铸 铁 冷 却 壁	铜 冷 却 壁
冷却效果	由于水管位置距角部和边缘有要求,冷却效果差,易损坏	钻孔时距壁角和边缘部位的距离可缩短,使二部位的冷却效果好
冷却水管	铸入壁内,有隔热层存在	在壁内钻孔,无隔热层存在
壁间距离	相邻两壁之间有 30~40mm 宽的缝隙,此部位冷却条件很差	相邻两壁之间距离可缩小到 10mm
热导率比	1	10

铜冷却壁的特点有:

(1) 铜冷却壁具有热导率高,热损失低的特点。目前,国内外铜冷却壁大多以轧制纯铜(Cu≥99.5%,铜的导热性能高于国际退火铜标准的 90%以上)为材质,经钻孔加工而成的。这样制作出来的铜冷却壁的冷却通道与壁体是一个有机的整体,消除了铸铁冷却壁因水管与壁体之间存在气隙而形成隔热屏障的弊端,再加上铜本身具有的高导热性,这样就使得铜冷却壁在实际使用过程中能保持非常低的工作温度。

(2) 利于渣皮的形成与重建。较低的冷却壁热面温度是冷却壁表面渣皮形成和脱落后快速重建的必要条件。由于铜冷却壁具有良好的导热性,因而能形成一个相对较冷的表面,从而为渣皮的形成和重建创造条件。由于渣皮的导热性极低,渣皮形成后,就形成了由炉内向铜冷却壁传热的一道隔热屏障,从而减少了炉内热损失。研究表明,在渣皮脱落后,铜冷却壁能在 15min 内完成渣皮的重建,而双排水管球墨铸铁冷却壁则至少需要 4h。

(3) 铜冷却壁的投资成本。使用铜冷却壁,并不意味着高炉投资成本增加,这主要是基于以下几点考虑:1) 单位重量的铜冷却壁比铸铁冷却壁价格要高,但单位重量的铜冷却壁冷却的炉墙面积要比铸铁冷却壁大 1 倍,这样计算,铜冷却壁的价格就相对便宜些。2) 铜冷却壁前不必使用昂贵的或很厚的耐火材料。使用铸铁冷却壁时,对其前端砌筑的耐火材料要求较高,在炉腹、炉腰和炉身下部多使用碳化硅砖或氮化硅结合碳化硅砖,这些砖的价格较高,相应地增加了冷却设备的投资。高炉使用铜冷却壁,主要是利用其高导热性形成较低的表面温度,从而形成稳定的渣皮来维持高炉生产,而不是主要靠砌筑在其前端的耐火材料来维持高炉生产,因此,铜冷却壁前端的耐火材料的耐久性和质量就并不十分重要。西班牙两座使用铜冷却壁的高炉的生产实践表明,铜冷却壁前端砌筑的耐火材料在高炉开炉 6 个月后就已侵蚀殆尽。当然铜冷却壁前还是有必要砌一定的耐火材料的,因为在高炉开炉初期，铜冷却壁需要耐火材料的保护。3）使用铜冷却壁可将高炉寿命延长至15～20 年，因此可缩短高炉休风时间，从而达到增产的效果。

蒂森高炉的炉腰、炉腹采用铜冷却壁后，炉缸寿命很难适应炉体寿命。为了延长炉缸寿命，消除炉缸烧穿的危险，德国 SMS 公司已开发出了安装在炉缸部位的铜冷却壁。

3.3.3.6 炉身冷却模块技术

为提高高炉炉身寿命，原苏联开发了一种新型炉身结构并广泛应用于高炉生产。新型炉身取消了砖衬和冷却壁，将冷却水管直接焊接在炉壳上，并浇铸耐热混凝土，是由炉壳—厚壁钢管—耐热混凝土构成的大型冷却模块组成。冷却模块将炉身部位的炉壳沿径向分成数块，块数取决于炉前的起重能力，唐钢 1260m³ 高炉是 10 块，图 3-18 为其结构示意图。将厚壁（14～16mm）把手型无缝钢管作为冷却元件直接焊在炉壳钢甲上，在炉壳及钢管间浇注耐热混凝土，混凝土层高出水管 110～130mm，构成大型预制冷却模块。通过炉顶托圈吊装与炉腰钢甲对接，经两面焊接后即形成新炉身。主要技术优点如下：

（1）根据乌克兰高炉的经验与传统的"炉壳—铸铁冷却壁—炉衬"相比，炉身寿命可提高近 1 倍。众所周知，高炉是靠冷却工作的，新型冷却模块结构在工作系统上突破现行模式，以性能优良的钢管代替铸铁，以渣皮代替耐火砖衬，组成炉身在高温条件下

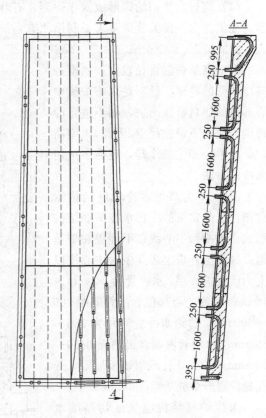

图 3-18 炉身冷却模块结构示意图

以可靠的冷却系统形成"自身保护自身"的"不蚀型内衬"，克服现行模式存在的缺点，延长高炉寿命。

（2）明显降低炉身造价。新型冷却模块结构以钢管代替铸铁冷却壁使冷却设备重量大大降低，而以耐热混凝土代替耐火砖，不论价格或数量都大为减少，使高炉炉身造价成倍降低，表 3-15 为 2000m³ 高炉冷却模块与传统冷却壁材料消耗对比。

表 3-15 2000m³ 高炉冷却模块与传统冷却壁材料消耗对比

项　　目	传统结构	大型冷却模块
炉壳钢板/t	196	196
冷却设备金属重量/t	820	115
耐火砖量/m³	1190	—
耐热混凝土量/m³	—	405

　　鞍钢 1 号高炉大修实践表明，新型冷却模块结构与原结构（冷却壁＋耐火砖）相比，炉身大修费用降低 41％。

　　（3）缩短大修时间。大型模块的制造可在停炉前预先进行，停炉后只进行吊装、焊接、浇注对接缝等，相当于在高炉上整体组装炉身，大大缩短大修工期。

　　（4）高炉大修初始即形成操作炉型，有利高炉顺行，同时由于炉衬减薄，也扩大了炉容，在供排水方面无特殊要求，利用原有系统即可正常进行。

3.3.3.7　水冷炉底

　　大型高炉炉缸直径较大，周围径向冷却壁的冷却，已不足以将炉底中心部位的热量散发出去，如不进行冷却则炉底向下侵蚀严重。因此，大型高炉炉底中心部位要冷却，现在多采用水冷的方法。

　　图 3-19 为高炉水冷炉底结构示意图，这是常见的一种水冷炉底结构形式。水冷管中心线以下埋置在炉基耐火混凝土基墩上表面中，中心线以上为碳素捣固层，水冷管为 $\phi40mm \times 10mm$，炉底中心部位水冷管间距 200～300mm，边缘水冷管间距为 350～500mm，水冷管两端伸出炉壳外 50～100mm。炉壳开孔后加垫板加固，开孔处应避开炉壳折点 150mm 以上。

　　水冷炉底结构应保证切断给水后，可排出管内积水，工作时排水口要高于水冷管水平面，保证管内充满水。

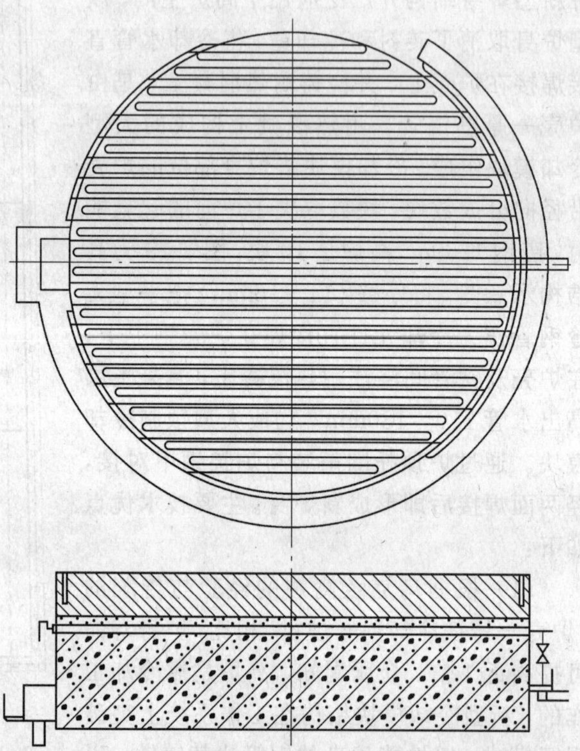

　　目前大型高压高炉，多采用炉底

图 3-19　水冷炉底结构图

封板，水冷管可设置在封板以上，这样在炉壳上开孔将降低炉壳强度和密封性，但冷却效果好；水冷管也可设置在封板以下，这样对炉壳没有损伤，但冷却效果差。宝钢 1 号高炉采用后一种结构。

3.3.4　冷却设备的工作制度

　　冷却设备的工作制度，即制定和控制冷却水的流量、流速、水压和进出水的温度差等。高炉各部位热负荷不同，冷却设备形式不同，冷却设备工作制度亦不相同。

3.3.4.1　水的消耗量

　　高炉某部位需要由冷却水带走的热量称为热负荷，单位表面积炉衬或炉壳的热负荷称为冷却强度。热负荷可写为

$$Q = cM(t - t_0) \times 10^3 \tag{3-26}$$

式中　　Q——热负荷，kJ/h；

　　　　M——冷却水消耗量，t/h；

c——水的比热容，kJ/（kg·℃）；

t——冷却水出水温度，℃；

t_0——冷却水进水温度，℃。

由上式可知，冷却水消耗量与热负荷、进出水温度差有关。高炉冶炼过程中在某一段特定时间内（炉龄的初期、中期和晚期等）可以认为热负荷是常数，那么冷却水消耗量与进出水温度差成反比，提高冷却水温度差，可以降低冷却水消耗量。提高冷却水温度差的方法有两种：一是降低流速，二是增加冷却设备串联个数。因冷却设备内水的流速不宜过低，因此经常采用的办法就是增加冷却设备的串联个数。

高炉炉衬热负荷随炉衬侵蚀情况而变化，一般是开炉初期低，中期有一段相对稳定时间，末期上升较快。因此，高炉一代寿命中，不同时期冷却水消耗量也有差别。冷却水在循环使用过程中日损失 4%～5%。

3.3.4.2 水压和流速

降低冷却水流速，可以提高冷却水温度差，减少冷却水消耗量。但流速过低会使机械混合物沉淀，而且局部冷却水可能沸腾。冷却水流速及水压和冷却设备结构有关。

确定冷却水压力的重要原则是冷却水压力大于炉内静压，防止个别冷却设备烧坏时煤气进入冷却系统。一般高炉风口冷却水压力比热风的压力高 0.1MPa，炉身部位冷却水压力比炉内静压高 0.05MPa。

在铸有无缝钢管的冷却设备内，选择水管参数时要考虑高炉各部位热负荷的大小、冷却水管外表面积与炉壳表面积的关系和管内水的流速等因素。在高热负荷区冷却壁的水流速和管径一般按表 3-16 选择。

表 3-16 高热负荷区冷却壁内水流速和管径

水管种类	本体水管	蛇形水管	水平管	凸台管
公称直径/mm	Dg50	Dg40	Dg40	Dg50
流速/m·s^{-1}	1.2～1.5	0.9～1.1	1.0～1.5	1.5～2.0

风口小套是容易烧坏的冷却设备，采用高压大流速冷却效果显著。宝钢 1 号高炉采用贯通式风口，为空腔式结构，水压 1.6MPa，风口前端空腔流速可达到 16.9m/s。高压冷却设备烧坏时向炉内漏水较多，必须及时发现和处理。一般在每根供水、排水支管上装有电磁流量计，监测流量并自动报警。

3.3.4.3 冷却水温度差

水沸腾时，水中的钙离子和镁离子以氧化物形式沉淀产生水垢，降低冷却效果。因此，应避免冷却设备内局部冷却水沸腾，采用的方法是控制进水温度和控制进出水温度差。进水温度一般要求应低于 35℃，由于气候的原因，也不应超过 40℃。而出水温度与水质有关，一般情况下工业循环水的稳定温度不超过 50～60℃，即反复加热时水中碳酸盐沉淀的温度，否则钙、镁的碳酸盐会沉淀，形成水垢，导致冷却设备烧坏。工作中考虑到热流的波动和侵蚀状况的变化，实际的进出水温差应该比允许的进出水温差适当低些，各个部位都要有一个合适的后备系数 φ，其关系式如下：

$$\Delta T_{实际} = \varphi \cdot \Delta T_{允许} \tag{3-27}$$

式中 φ 值如下：

部　　　位	炉腹、炉身	风口带	渣口以下	风口小套
后备系数 φ	0.4～0.6	0.15～0.3	0.08～0.15	0.3～0.4

高炉上部 φ 值较大，对于高炉下部由于是高温熔体，主要是铁水的渗漏，可能局部造成很大热流而烧坏冷却设备，但在整个冷却设备上，却不能明显地反映出来，所以 φ 值要小些。实践证明，炉身部位 $\Delta T_{实际}$ 波动 5～10℃ 是常见的变化，而在渣口以下 $\Delta T_{实际}$ 波动 1℃ 就是个极危险的信号。显然出水温度仅代表出水的平均温度，也就是说，在冷却设备内，某局部地区水温完全可以大大超过出水温度，致使产生局部沸腾现象和硬水沉淀。

3.3.4.4　冷却设备的清洗

清洗冷却设备可以延长其使用寿命。水垢的导热性很差，易使冷却设备过热而烧坏，故定期清洗掉水垢是很重要的。一般要 3 个月清洗一次。清洗方法有：用 20%～25% 的 70～80℃ 盐酸，加入缓蚀剂——1% 废机油，用耐酸泵送入冷却设备中，循环清洗 10～15min，然后再用压缩空气顶回酸液，再通冷却水冲洗。也可用 0.7～1.0MPa 的高压水或蒸汽冲洗。

3.3.5　高炉给排水系统

高炉在生产过程中，任何短时间的断水，都会造成严重的事故，高炉供水系统必须安全可靠。为此，水泵站供电系统须有两路电源，并且两路电源应来自不同的供电点。为了在转换电源时不中断供水，应设有水塔，塔内要储有 30min 的用水量。泵房内应备有足够的备用泵。由泵房向高炉供水的管路应设置两条。串联冷却设备时要由下往上，保证断水时冷却设备内留有一定水量。

大中型高炉设有两条供水主管道及两套供水管网。供水管直径由给水量计算而定，正常条件下供水管内水流速 0.7～1.0m/s，供水管上除安装一般阀门外，还安装逆止阀，防止冷却设备烧坏时煤气进入冷却管路系统。高炉排水一般由冷却设备出水头引至集水槽，而后经排水管送至集水池（蒸发 2%～5%），由于出水头有水力冲击作用而产生大量气泡，所以排水管直径是给水管直径的 1.3～2.0 倍。排水管标高应高于冷却设备，以保证冷却设备内充满水。所有管路、阀门布置应方便操作。

一般高炉给排水的工艺流程是：水源→水泵→供水主管→滤水器→各层给水围管→配水器（分配水进各冷却设备）→冷却设备及喷水管→环形排水槽、排水箱→排水管→集水池（蒸发 2%～5%）。

3.3.6　高炉冷却系统

高炉冷却系统可分为：汽化冷却、开式工业水循环冷却系统、软（纯）水密闭循环冷却系统。目前国内外的绝大多数高炉都是采用的开式工业水循环冷却系统。但是从发展的情况看，国内外已有不少高炉采用软（纯）水密闭循环冷却系统，并取得了高炉长寿、低耗的显著效果。

3.3.6.1　高炉汽化冷却

高炉汽化冷却是把软化水送入冷却设备内，软化水在冷却设备中吸热汽化并排出，从而达到冷却设备的目的。按循环方式，可分为自然循环汽化冷却和强制循环汽化冷却两种。

A 自然循环汽化冷却

自然循环汽化冷却见图 3-20。循环的动力是靠下降管中的水和上升管中汽水混合物的重度差所形成的压头，克服管道系统阻力而流动。即气包中的水沿下降管向下流动，经冷却设备汽化后，汽水混合物沿上升管向上流动，进入气包后经水汽分离，蒸汽排出作为二次能源利用，并由供水管补充一定量的新水保证循环的进行。循环压力为：

$$\Delta p = h(\rho_w - \rho_v)g \qquad (3-28)$$

式中 Δp——自然循环流动压头，Pa；

h——气包与冷却设备高度差，m；

ρ_w——下降管中水的密度，kg/m³；

ρ_v——上升管中汽水混合物的密度，kg/m³。

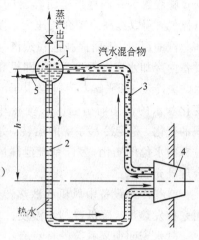

图 3-20 自然循环汽化冷却示意图
1—气包；2—下降管；3—上升管；
4—冷却设备；5—供水管

自然循环汽化冷却不受电的影响，安全可靠，动力消耗低，可节电 40%～90%，但要求气包和冷却设备有一定的高度差。

B 强制循环汽化冷却

强制循环汽化冷却是在自然循环汽化冷却的下降管路上装一水泵，作为循环的动力，推动循环过程的进行，此时气包装置的高度可灵活一些。

汽化冷却与水冷相比有如下优点：由于水汽化时吸收大量汽化潜热，所以冷却强度大，耗水量极少，与水冷却相比可节约用水 60%～90%，还可节电（水泵动力）75% 以上；由于耗水量少，水可以软化处理，防止冷却设备结垢，延长寿命；产生大量蒸汽，可作为二次能源；有利于安全生产，如果采用自然循环方式，当断电时，可利用气包中储备的水维持生产约 40～50min，因此提高了冷却设备的安全性。

汽化冷却应用并不广泛，并逐渐被软水闭路强制循环所代替，主要是汽化循环冷却还存在一些具体问题不好解决。例如，热负荷高时汽化循环不稳定，冷却设备易烧坏，并且对于已烧坏的冷却设备，其检测技术不完善，炉衬侵蚀情况反应不敏感。

3.3.6.2 开式工业水循环系统

所谓开式工业水循环冷却系统，是指其降温设施采用冷却塔、喷水池等设备，靠蒸发制冷的系统。这种冷却系统致命的弱点是：在冷却设备的通道壁上容易结垢，这些水垢是造成冷却设备过热烧坏的重要原因。当热流强度为 4656.5W/（m·K）时，1mm 厚的水垢会造成约 159℃的温差；3mm 厚的水垢则会引起大于 557℃的温差，这对于各种材质的冷却设备都是不允许的。为了克服冷却设备上结垢带来的危害，一般采用清洗冷却设备内水垢的方法和控制进出水温差的办法。但是这样会对生产、经济不利，并会造成环境污染。为了防止水质的恶化需在系统内设置加入防腐剂、防垢剂和其它药物的装置。

3.3.6.3 软水密闭循环系统

高炉软水密闭循环系统工作原理见图 3-21，它是一个完全密闭的系统，用软水作为冷却介质。软水由循环泵送往冷却设备，冷却设备排出的冷却水经膨胀罐送往空气冷却器，经空气冷却器散发于大气中，然后再经循环泵送往冷却设备，由此循环不已。

膨胀罐为一圆柱形密闭容器,其中充以氮气,用以提高冷却介质压力,提高饱和蒸汽的温度,进而提高饱和蒸汽与冷却设备内冷却水实际温度之差,即提高冷却水的欠冷度。膨胀罐具有补偿由于温度的变化和水的泄漏而引起的系统冷却水体积的变化,稳定冷却系统的运转,并且通过罐内水位的变化,判断系统泄漏情况和合理补充软水。

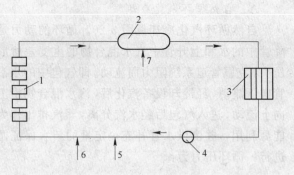

图 3-21　软水密闭循环系统原理
1—冷却设备;2—膨胀罐;3—空气冷却器;
4—循环泵;5—补水;6—加药;7—充氮

空气冷却设备由风机和散热器组成,用来散发热量,降低冷却水温度。

软水密闭循环系统的特点有:

(1) 工作稳定可靠:由于冷却系统内具有一定的压力,所以冷却介质具有较大的欠冷度。例如,当系统压力为 0.15MPa 时,水的沸点为 127℃,系统中回水最高温度是膨胀罐内温度,一般控制不大于65℃,此时欠冷度为62℃,通常欠冷度大于等于50℃时,即不会产生蒸汽和汽塞现象。

(2) 冷却效果好,高炉寿命长。它使用的冷却介质是软(纯)水,是经过化学处理即除去水中硬度和部分盐类的水。这就从根本上解决了在冷却水管或冷却设备内壁结垢的问题,保证有效冷却并能延长冷却设备的寿命。

(3) 节水。因为整个系统完全处于密闭状态,所以没有水的蒸发损失,而流失也很少。根据国内外高炉的操作经验,正常时软水补充量仅为循环流量的 0.1‰。

(4) 电能耗量低。闭路系统循环水泵的扬程仅取决于系统的阻力损失,不考虑供水点的位能和剩余水头。因此,软水密闭循环系统的总装机容量为开式循环系统的 2/3 左右。

软水密闭循环冷却是高炉冷却发展的方向,目前大型高炉软水密闭循环系统使用范围愈来愈大。

3.4　高炉送风管路

高炉送风管路由热风总管、热风围管、与各风口相连的送风支管(包括直吹管)及风口(包括风口中套、风口大套)等组成。

3.4.1　热风围管

热风围管的作用是将热风总管送来的热风均匀地分配到各送风支管中去。热风总管和热风围管都由钢板焊成,管中有耐火材料筑成的内衬。为了不影响炉前作业,热风围管都采用吊挂式,大框架高炉热风围管吊挂在横梁上,炉缸支柱式高炉,热风围管吊挂在支柱外侧的吊挂板上,自立式高炉则吊挂在炉壳上,也有将热风围管吊挂在厂房梁上的。

热风总管与热风围管的直径相同,并且与高炉容积相关,其直径由下式计算:

$$d = \sqrt{\frac{4Q}{\pi v}} \tag{3-29}$$

式中　　d——热风总管或热风围管内径,m;

　　　　Q——气体实际状态下的体积流量,m^3/s;

v——气体实际状态下的流速，m/s。

实际状态下流速一般为 25～35m/s，体积流量可由高炉配料计算得到。我国部分高炉热风围管直径见表 3-17。

表 3-17 我国部分高炉热风总管与热风围管直径

高炉容积/m³	4063	2580	1513	1000	620	255	100
总管与围管内径/mm	2100	1676	1522	1200	850	800	500

3.4.2 送风支管

送风支管的作用是将热风围管送来的热风通过风口送入高炉炉缸，还可通过它向高炉喷吹燃料。送风支管长期处于高温、多尘的环境中，工作条件很恶劣，如宝钢 1 号、2 号高炉的送风条件为：送风温度最高 1310℃，送风压力 0.42～0.47MPa；36 个送风支管的送风总量为 7900m³/min。所以要求送风支管密封性好，压损小，热量损失小，在热胀冷缩的条件下有自动调节位移的功能。

送风支管由送风支管本体、送风支管张紧装置、送风支管附件等组成，图 3-22 为宝钢送风支管结构图。

送风支管本体有多种形式。宝钢 1 号、2 号高炉采用的是栗本-RA00 式结构，由 A-1 管（鹅颈管）、A-2 管（流量测定管）、伸缩管、异径管（锥形管）、弯管、直吹管等组成。A-1 管是连接热风围管的支撑管，由钢板焊成，内侧砌耐火砖。A-2 管接在 A-1 管下面，也由钢板焊成，内侧用不定形耐火材料浇注成文丘里管结构，用来测定送风量。伸缩管的作用是调节热风围管和炉体因热膨胀引起的相对位移，其连接方式为法兰连接，使用压力为 0.51MPa，使用温度为 400℃，使用寿命要求在 5400 次以上。伸缩管内有不定形耐火材料浇注的内衬，下部内衬与伸缩管之间塞有陶瓷纤维棉，并装有多层垫圈。异径管用来连接不同直径的管道，上设吊杆和中部拉杆底座，用以安装张紧装置。弯管起转变送风支管方向和连接直吹管用，它上面设有观察孔和下部拉杆。

送风支管张紧装置用于稳定和紧固送风支管的位置，并使直吹管紧压在风口小套上。张紧装置有吊杆、拉杆、松紧法兰螺栓等。吊杆的作用是固定送风支管，主要承受送风时伸缩管产生的反力，可用旋紧螺母调整其位置。拉杆分中部拉杆和下部拉杆。中部拉杆用以调整直吹管端头球面位置推压力和固定送风支管位置；下部拉杆用来调整直吹管端头与风口球面部的压紧力，以防止接口漏风。

送风支管附件有托座、起吊链钩、观察孔等。托座固定在炉壳上，用来固定中部拉杆。起吊链钩用于更换风口时使弯管和直吹管成振摆状运动，便于更换风口。观察孔用来观察风口区燃烧情况。

3.4.3 直吹管

直吹管是高炉送风支管的一部分，尾部与弯管相连，端头与风口紧密相连。热风经热风围管、弯管传到直吹管，通过风口进入高炉炉缸。

现代大型高炉的直吹管一般由端头、管体、喷吹管、尾部法兰和端头水冷管路五部分组成，如图 3-23 所示。早期的直吹管没有喷吹管和端头冷却管路。增加喷吹管的目的是用

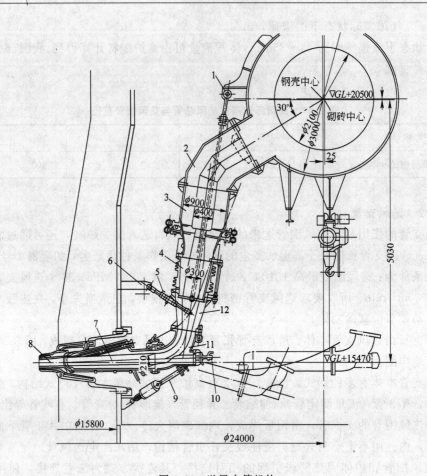

图 3-22　送风支管机构

1—横梁；2—A-1 管；3—A-2 管；4—伸缩管；5—拉杆；6—环梁；7—直吹管；
8—风口；9—松紧法兰螺栓；10—窥视孔；11—弯管；12—异径管

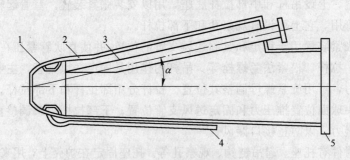

图 3-23　直吹管结构图

1—端头；2—管体；3—喷吹管；4—冷却水管；5—法兰

于向高炉炉缸内喷吹煤粉，以降低焦比，强化冶炼。增加端头水冷管路则是为了能使直吹管能承受日益提高的热风风温。

直吹管管体内浇注了耐火材料内衬，以抵抗灼热的热风对管体的破坏和减少散热。

直吹管在高温高压下工作，管中还有煤粉通过，苛刻的工作条件对直吹管提出较高的技术要求。直吹管的主要技术要求为：

（1）要求直吹管端头与风口相接触的球面表面粗糙度要低，球面上不准有任何缺陷和焊补。

（2）为防止在高压工作条件下被破坏或泄漏，必须按设计要求进行水压和气密试验。如宝钢 2 号高炉的直吹管要求在 0.88MPa 压力下做水压试验，保持 30min 不泄漏；在 0.74MPa 压力下做气密试验，保证 15min 无泄漏。

（3）为避免喷入的煤粉冲刷风口内壁，要求喷吹管中心线与直吹管管体中心线的夹角符合设计要求，一般夹角为 12°～14°左右。

3.4.4　风口装置

3.4.4.1　风口

风口也称风口小套或风口三套，是送风管路最前端的一个部件。它位于高炉炉缸上部，成一定角度探出炉壁。风口与风口中套、风口大套装配在一起，加上冷却水管等其它部件，形成高炉的风口设备，其结构示意图见图 3-24。

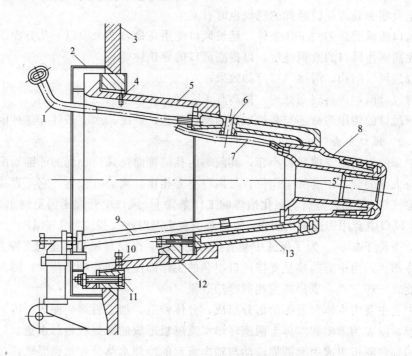

图 3-24　风口装置结构示意图

1—风口中套冷水管；2—风口大套密封罩；3—炉壳；4—抽气孔；5—风口大套；
6—灌泥浆孔；7—风口小套冷水管；8—风口小套；9—风口小套压紧装置；
10—灌泥浆孔；11—风口法兰；12—风口中套压紧装置；13—风口中套

送风支管的直吹管端头与风口密合装配在一起，热风炉中的热风从直吹管中吹出通过风口吹入高炉炉缸，向高炉中喷吹的煤粉及其气体载体也通过风口进入高炉炉内。风口前端炉缸回旋区温度约 2000℃左右，风口的工作条件十分恶劣，在使用一段时间后会损坏，从而迫使高炉休风，更换风口，风口是影响高炉生产效率的重要因素之一。

　　风口的损坏原因主要有以下几种：

　　(1) 熔损。这是风口常见的损坏原因。在热负荷较高时，如风口和液态铁水接触时，风口处热负荷超过正常情况的一倍甚至更高，如果风口冷却条件不好（如冷却水压力、流速、流量不足），再加上风口前端出现的 Fe-Cu 合金层恶化了导热性等，可使风口局部温度急剧升高，很快会使风口冲蚀熔化而烧坏。发生熔损的主要部位是风口前端上部，熔损处往往能发现被铁水冲蚀的空洞。

　　(2) 开裂。风口外壁处于 1500～2200℃ 的高温环境，而内壁为常温的冷却水。另外，风口外壁承受鼓风的压力，内壁则承受冷却水的压力。并且这些温度和压力是经常变化的，从而造成热疲劳与机械疲劳。风口在高温下会沿晶界及一些缺陷发生氧化腐蚀，降低了强度，造成应力集中，最后引起开裂，风口中的焊缝处也容易开裂。

　　(3) 磨损。风口前端伸出在炉缸内，高炉内风口前焦炭的回旋运动以及上方的炉料沿着风口上部向下滑落和移动，会造成对风口上部表面的磨损。在高温下风口的强度下降很多，因此冷却不好会加剧磨损。同时，现在大型高炉普遍采用喷吹煤粉工艺，如果保护不好，内孔壁及端头处被煤粉磨漏的现象也时有发生。

　　为使风口能承受恶劣的工作条件，延长风口使用寿命，常采取以下几方面的措施：

　　(1) 提高制作风口的紫铜纯度，以提高风口的导热性能；

　　(2) 改进风口结构，增强风口冷却效果；

　　(3) 对风口前端进行表面处理，提高其承受高温和磨损的能力。

　　当然，风口的使用寿命还与高炉采用的操作工艺、炉况、水冷条件等多种因素有关。

3.4.4.2　风口中套

　　风口中套的作用是支撑风口小套，其前端内孔的锥面与风口小套的外锥面配合，上端的外锥面与大套配合。中套的工作位置与风口小套相比，离炉缸较远，它不直接接触热风和高炉内的气氛。但在大型高炉强化冶炼的工作条件下，风口中套周围仍受到 300℃ 左右高温的影响。风口中套用铸造紫铜制作。铸造紫铜在室温时抗拉强度约 150MPa，而 290℃ 时为 78MPa，下降了 50%。为了保证中套有足够的强度，保持对风口小套的支撑力，要用冷却水进行冷却。因为中套前端是支撑风口小套的工作部位，并且热负荷大，因此常采用顶端二室螺旋式冷却方式，以提高前端的冷却效果。

　　风口中套主要由本体和前帽两部分组成，分体铸造，加工后焊接而成。冷却水路分为前腔与后腔。前腔为前帽和本体上两道环形水道隔板形成的螺旋状冷却水道；后腔为铸成前后相错的轴向隔板组成中套圆周流动与轴向流动的冷却水路。各水路要求连接畅通，表面光滑，以减少水流阻力。风口中套上端有一灌浆孔，用于安装时向风口中套与炉缸砌体间空隙灌耐火泥。在中套上端焊有一个 5mm 厚的钢圈，用于与风口大套焊接固定，并防止大、中套连接处煤气泄漏。

3.4.4.3　风口大套

　　风口大套的功能是支撑风口中套与小套，并将其与高炉炉体相连成为一体。风口大套的前端锥面与风口中套上端锥面配合，上端通过风口法兰与炉体装配连接在一起。风口大套的工作温度约 300℃。对风口大套主要考虑其强度性能。通常风口大套有铸钢件和带铸入冷却水管的铸铁件两种，宝钢 2 号高炉的风口大套为铸钢件。风口大套部位包括风口法兰、风口大套、风口中、小套压紧装置等。风口法兰与风口大套在一代炉龄内一般不更换，因而对制造质量，尤其是接触面的加工质量要求严格，以保证风口设备的密封性。风口法兰为铸钢圆环，风口大套是铸钢件。

3.5 高炉钢结构

高炉钢结构包括炉壳、炉体框架、炉顶框架、平台和梯子等。高炉钢结构是保证高炉正常生产的重要设施。设计高炉钢结构应考虑的主要因素有：

（1）高炉是庞大的竖炉，设备层层叠叠，钢结构设计必须考虑到各种设备安装、检修、更换的可行性，要考虑到大型设备的运进运出，吊上吊下，临时停放等可能性。

（2）高炉是高温高压反应器，某些钢结构件应具有耐高温高压、耐磨和可靠的密封性。

（3）运动装置运动轨迹周围，应留有足够的净空尺寸，并且要考虑到安装偏差和受力变形等因素。

（4）对于支撑构件，要认真分析荷载条件，做强度计算。主要荷载包括：工作中的静荷载、动荷载、事故荷载（例如崩料、坐料引起的荷载等），检修、安装时的附加荷载，以及外荷载（风载、地震等）。

（5）露天钢结构和扬尘点附近钢结构应避免积尘积水。

（6）合理设置走梯、过桥和平台，使操作方便，安全可靠。

3.5.1 高炉本体钢结构

设计高炉本体钢结构，主要是解决炉顶荷载、炉身荷载传递到炉基的方式方法，并且要解决炉壳密封等。目前高炉本体钢结构主要有以下几种形式，见图3-25。

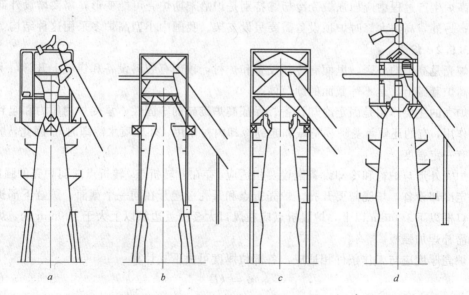

图 3-25 高炉本体钢结构

a—炉缸支柱式；b—炉缸炉身支柱式；c—炉体框架式；d—自立式

3.5.1.1 炉缸支柱式（图3-25a）

炉顶荷载及炉身荷载由炉身外壳通过炉缸支柱传到基础上。其特点是节省钢材，但风口平台拥挤，炉前操作不方便，并且大修时更换炉壳不方便。高炉生产过程中应注意炉身部位的冷却，特别是炉龄后期，由于受热和承重炉壳有可能变形，这将影响装料设备的准确性。目前我国 255m³ 以下高炉多用这种结构。

3.5.1.2 炉缸炉身支柱式（图 3-25b）

炉顶装料设备和煤气导出管、上升管等的重量经过炉身炉壳传递到炉腰托圈，炉顶框架、大小钟荷载则通过炉身支柱传递到炉腰托圈，然后再通过炉缸支柱传递到基础上。煤气上升管和炉顶平台分别设有座圈和托座，大修更换炉壳时炉顶煤气导出管和装料设备等荷载可作用在平台上。这种结构降低了炉壳的负荷，安全可靠。但耗费钢材较多、投资高，因此只适用于大型高炉。我国 20 世纪五六十年代所建大型高炉多采用这种结构。

3.5.1.3 炉体框架式（图 3-25c）

近年来我国新建大型高炉多采用这种结构。其特点是：由 4 根支柱连接成框架，而框架是一个与高炉本体不相连接的独立结构。框架下部固定在高炉基础上，顶端则支撑在炉顶平台。因此炉顶框架的重量、煤气上升管的重量、各层平台及水管重量，完全由大框架直接传给基础。只有装料设备重量经炉壳传给基础。

这种结构由于取消了炉缸支柱，框架离开高炉一定距离，所以风口平台宽敞，炉前操作方便，还有利于大修时高炉容积的扩大。

3.5.1.4 自立式（图 3-25d）

炉顶全部荷载均由炉壳承受，炉体周围没有框架或支柱，平台走梯也支撑在炉壳上，并通过炉壳传递到基础上。其特点是：结构简单，操作方便，节约钢材，炉前宽敞便于更换风口和炉前操作。设计时应尽量减少炉壳转折点，制造时折点部位要平缓过渡，减小热应力；高炉生产过程中应加强炉壳冷却，特别是炉龄末期炉壳可能变形，需要增设外部喷水冷却；另外，高炉大修时炉顶设备需要另设支架。我国中小型高炉多采用这种结构。

3.5.2 炉壳

炉壳是高炉的外壳，里面有冷却设备和炉衬，顶部有装料设备和煤气上升管，下部坐落在高炉基础上，是不等截面的圆筒体。

炉壳的主要作用是固定冷却设备、保证高炉砌砖的牢固性、承受炉内压力和起到炉体密封作用，有的还要承受炉顶荷载和起到冷却内衬作用（外部喷水冷却时）。因此，炉壳必须具有一定强度。

炉壳外形与炉衬和冷却设备配置要相适应。存在着转折点，转折点减弱炉壳的强度。由于固定冷却设备，炉壳需要开孔。炉壳折点和开孔应避开在同一个截面。炉缸下部折点应在铁口框以下 100mm 以上，炉腹折点应在风口大套法兰边缘以上大于 100mm 处，炉壳开口处需补焊加强板。

炉壳厚度应与工作条件相适应，各部位厚度可由下式计算：

$$\delta = kD \tag{3-30}$$

式中 δ——计算部位炉壳厚度，mm；

D——计算部位炉壳外弦带直径（对圆锥壳体采用大端直径），m；

k——系数，mm/m；与弦带位置有关（见图 3-26），其值见表 3-18。

炉身下弦带高度一般不超过炉身高度的 1/4～1/3.5。高炉下部钢壳较厚，是因为这个部位经常受高温的作用，以及安装渣口、铁口和风口，开孔较多的缘故。我国某些高炉炉壳厚度见表 3-19。

表 3-18 高炉各弦带 k 的取值

炉顶封板与炉喉	当 $50°<\beta<55°$	4.0
	$\beta>55°$	3.6
高炉炉身		2.0
高炉炉身下弦带		2.2
风口带到炉腹上折点		2.7
炉缸及炉底		3.0

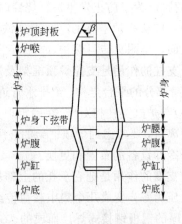

图 3-26 高炉炉体各弦带
分界示意图

表 3-19 我国某些高炉炉壳厚度

高炉容积/m³		100	255	620	620	1000	1513	2025	4063
高炉结构型式		炉缸支柱	自立式	炉缸支柱	自立式	炉体框架	炉缸支柱	炉体框架	炉体框架
高炉炉壳厚度/mm	炉底	14	16	25	28	28/32	36	36	65，铁口区90
	风口区	14	16	25	32	32	32	36	90
	炉腹	14	16	22	28	28	30	32	60
	炉腰	14	16	22	28	28	30	30	60
	托圈	16	—	30	—	—	36	—	—
	炉身下部	8	14	18	20	25	30	28	炉身由下至上依次为 55，50，40，32，40
	炉顶及炉喉	14	14	25	25	25	36	32	
	炉身其它部位	8	12	18	18	20	24	24	

3.5.3 炉体框架

炉体框架由四根支柱组成，上至炉顶平台，下至高炉基础，与高炉中心成对称布置，在风口平台以上部分采用钢结构，有"工"字断面，也有圆形断面，圆筒内灌以混凝土。风口平台以下部分可以是钢结构，也可以采用钢筋混凝土结构。一般情况下应保证支柱与热风围管有 250mm 间距。

3.5.4 炉缸炉身支柱、炉腰支圈和支柱座圈

炉缸支柱是用来承担炉腹或炉腰以上，经炉腰支圈传递下来的全部荷载。它的上端与炉腰支圈连接，下端则伸到高炉基座的座圈上。大中型高炉一般都是用 24~40mm 的钢板，焊成工字形断面的支柱，为了增加支柱的刚度，常加焊水平筋板。支柱向外倾斜 6° 左右，以使炉缸周围宽敞。

支柱的数目常为风口数目的一半或三分之一，并且均匀地分布在炉缸周围，其位置不能影响风口、铁口、渣口的操作，其强度则应考虑到个别支柱损坏时，其它相邻支柱仍能

承担全部荷载。为了防止发生炉缸烧穿时,渣铁水烧坏炉缸支柱,应从高炉基座的座圈直到铁口以上 1m 处的支柱表面,用耐火砖衬保护。

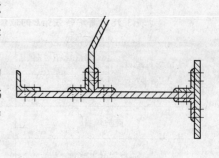

炉身支柱的作用是支撑炉顶框架及炉顶平台上的荷载、炉身部分的平台走梯、给排水管道等。一般为 6 根,下端应与炉缸支柱相对应。在确定炉身支柱与高炉中心的距离时,要考虑到炉顶框架的柱脚位置、炉身、炉腰部分冷却设备的布置和更换。

图 3-27　炉腰支圈

炉腰支圈的作用是把它承托的上部均布荷载（砌砖重量及压力等）变成几个集中载荷传给炉缸支柱,同时也起着密封作用。它是由几块 30～40mm 厚的钢板铆接式焊接而成的。在它与上下炉壳相接处,两侧都用角钢加固,在外侧边缘也用角钢加固,以加强其刚性,其结构见图 3-27。

支柱座圈是为了使支柱作用于炉基上的力比较均匀。在每个支柱下面都有铸铁或型钢做成的单片垫板,并且彼此用拉杆或整环连接起来,以防止支柱在推力作用下或基础损坏时发生位移。

3.6　高炉基础

高炉基础是高炉下部的承重结构,它的作用是将高炉全部荷载均匀地传递到地基。高炉基础由埋在地下的基座部分和地面上的基墩部分组成,见图 3-28。

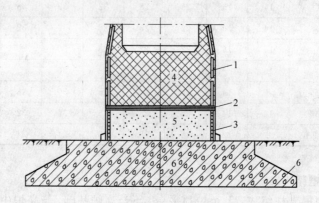

图 3-28　高炉基础

1—冷却壁；2—水冷管；3—耐火砖；4—炉底砖；

5—耐热混凝土基墩；6—钢筋混凝土基座

3.6.1　高炉基础的负荷

高炉基础承受的荷载有:静负荷、动负荷、热应力的作用,其中温度造成的热应力的作用最危险。

3.6.1.1　静负荷

高炉基础承受的静负荷包括高炉内部的炉料重量、渣、铁液重量、炉体本身的砌砖重量、金属结构重量、冷却设备及冷却水重量、炉顶设备重量等,另外还有炉下建筑物、斜桥、卷扬机等分布在炉身周围的设备重量。就力的作用情况来看，前者是对称的，作用在炉基上，后者则常常是不对称的，是引起力矩的因素，可能产生不均匀下沉。

3.6.1.2　动负荷

生产中常有崩料、坐料等，加给炉基的动负荷是相当大的，设计时必须考虑。

3.6.1.3　热应力的作用

炉缸中贮存着高温的铁液和渣液，炉基处于一定的温度下。由于高炉基础内温度分布不均匀，一般是里高外低，上高下低，这就在高炉基础内部产生了热应力。

3.6.2　对高炉基础的要求

对高炉基础的要求如下：

（1）高炉基础应把高炉全部荷载均匀地传给地基，不允许发生沉陷和不均匀的沉陷。高炉基础下沉会引起高炉钢结构变形，管路破裂。不均匀下沉将引起高炉倾斜，破坏炉顶正常布料，严重时不能正常生产。

（2）具有一定的耐热能力。一般混凝土只能在150℃以下工作，250℃便有开裂，400℃时失去强度，钢筋混凝土700℃时失去强度。过去由于没有耐热混凝土基墩和炉底冷却设施，炉底破损到一定程度后，常引起基础破坏，甚至爆炸。采用水冷炉底及耐热基墩后，可以保证高炉基础很好工作。

基墩断面为圆形，直径与炉底相同，高度一般为2.5～3.0m，设计时可以利用基墩高度调节铁口标高。

基座直径与荷载和地基土质有关，基座底表面积可按下式计算：

$$A = P/KS_{允} \tag{3-31}$$

式中　A——基座底表面积，m^2；

　　　P——包括基础质量在内的总荷载，t；

　　　K——小于1的安全系数，取值视地基土质而定；

　　　$S_{允}$——地基土质允许的承压能力，MPa。

基座厚度由所承受的力矩计算，结合水文地质条件及冰冻线等综合情况确定。

高炉基础一般应建在$S_{允}>0.2$MPa的土质上，如果$S_{允}$过小，基础面积将过大，厚度也要增加，使得基础结构过于庞大，故对于$S_{允}<0.2$MPa的地基应加以处理，视土层厚度，处理方法有夯实垫层、打桩、沉箱等。

4 高炉炼铁车间原料供应系统

现代钢铁联合企业中，炼铁原料的供应系统以高炉贮矿槽为界分为两部分。从原料进厂到高炉贮矿槽顶属于原料厂管辖范围，它完成原料的卸、堆、取、运作业，根据要求还需进行破碎、筛分和混匀作业，起到贮存、处理并供应原料的作用。从高炉贮矿槽顶到高炉炉顶装料设备属于炼铁厂管辖范围，它负责向高炉按规定的原料品种、数量、分批地及时供应。现代高炉对原料供应系统的要求是：

（1）保证连续地、均衡地供应高炉冶炼所需的原料，并为进一步强化冶炼留有余地；

（2）在贮运过程中应考虑为改善高炉冶炼所必需的处理环节，如混匀、破碎、筛分等。焦炭在运输过程中应尽量减少破碎率。

（3）由于贮运的原料数量大，对大、中型高炉应该尽可能实现机械化和自动化，提高配料、称量的准确度。

（4）原料系统各转运环节和落料点都有灰尘产生，应有通风除尘设施。

4.1 车间的运输

新建的炼铁车间，多采用人造富矿——烧结矿和球团矿为原料，运输设备均采用皮带机。皮带机运输作业率高，原料破碎率低，而且轻便，大大简化了矿槽结构。

皮带机的运输能力应该满足高炉对原燃料的需求，同时还应考虑物料的特性如粒度、堆比重、动堆积角等因素。皮带机的宽度可以从手册直接查出，也可按下式计算：

$$B = \sqrt{\frac{Q}{3600 K K_a \xi r v}} \qquad (4-1)$$

式中　B——皮带机宽度，m；

Q——皮带机运输量（t/h）一昼夜按 16～20h；

r——原料的堆密度，t/m³；

v——皮带机速度，m/s；

K——皮带机断面系数，与物料的动堆积角有关；

K_a——皮带机倾角系数；

ξ——速度系数。

皮带机带宽可选择比上式计算结果大一级的规格，以适应高炉将来生产率提高的需要。

4.2 贮矿槽、贮焦槽及槽下运输称量

4.2.1 贮矿槽与贮焦槽

贮矿槽位于高炉一侧，它起原料的贮存作用，解决高炉连续上料和车间间断供料的矛盾，当贮矿槽之前的供料系统设备检修或因事故造成短期间断供料时，可依靠贮矿槽内的

存量维持高炉生产。由于贮矿槽都是高架式的，可以利用原料的自重下滑进入下一工序，有利于实现配料等作业的机械化和自动化。

在一列式和并列式高炉平面布置中，贮矿槽的布置常和高炉列线平行。在采用料车上料时，贮矿槽与斜桥垂直。采用皮带机上料时，贮矿槽与上料皮带机中心线应互成直角，以缩短贮矿槽与高炉的间距。

贮矿槽的总容积与高炉容积、使用的原料性质和种类、以及车间的平面布置等因素有关，一般可参照表 4-1 选用，也可根据贮存量进行计算，贮矿槽贮存 12～18h 的矿石量，贮焦槽贮存 6～8h 的焦炭量。

表 4-1 贮矿槽、贮焦槽容积与高炉容积的关系

项　　目	高炉有效容积/m³					
	255	600	1000	1500	2000	2500
贮矿槽容积与高炉容积之比	>3.0	2.5	2.5	1.8	1.6	1.6
贮焦槽容积与高炉容积之比	>1.1	0.8	0.7	0.7～0.5	0.7～0.5	0.7～0.5

贮矿槽的结构，有钢筋混凝土结构和钢-钢筋混凝土混合式结构两种。钢筋混凝土结构是矿槽的周壁和底壁都是用钢筋混凝土浇灌而成。混合式结构是贮矿槽的周壁用钢筋混凝土浇灌，底壁、支柱和轨道梁用钢板焊成，投资较前一种高。我国多用钢筋混凝土结构。为了保护贮矿槽内表面不被磨损，一般要在贮矿槽内加衬板，贮焦槽内衬以废耐火砖或厚 25～40mm 的辉绿岩铸石板，在废铁槽内衬以旧铁轨，在贮矿槽内衬以铁屑混凝土或铸铁衬板。为了减轻贮矿槽的重量，有的衬板采用耐磨橡胶板。槽底板与水平线的夹角一般为 50°～55°，贮焦槽不小于 45°，以保证原料能顺利下滑流出。

4.2.2　槽下运输称量

在贮矿槽下，将原料按品种和数量称量并运到料车（或上料皮带机）的方法有两种：一种是用称量车完成称量、运输、卸料等工序；一种是用皮带机运输，用称量漏斗称量。

称量车是一个带有称量设备的电动机车。车上有操纵贮矿槽闭锁器的传动装置，还有与上料车数目相同的料斗，每个料斗供一个上料车，料斗的底是一对可开闭的门，借以向料车中放料。在称量车轨道旁边有配料室，配料室操纵台上设有称量机构的显示和调节系统。操作人员在配料室进行配料作业，控制称量车行走，当称量车停在某一矿槽下时，启动该槽下给料设备，给料并称量，当达到给料量时停止给料。我国某些称量车主要技术指标见表 4-2。

槽下采用皮带机运输和称量漏斗称量的槽下运输称量系统，焦仓下一般设有振动筛，合格焦炭经焦炭输送机送到焦炭称量漏斗，小粒度的焦粉经粉焦输出皮带机运至粉焦仓。烧结矿仓下也设有振动筛，合格烧结矿运至矿石称量漏斗，粉状烧结矿经矿粉输出皮带机输送至粉矿仓。球团矿直接经给料机、矿石输出皮带机送到矿石集中漏斗。

由皮带机向炉顶供料的高炉，对贮矿槽的要求与料车式基本相同，只是贮矿槽与高炉的距离远些。在装料程序上，将向料车漏料改为向皮带机漏料。

皮带机运输的槽下工艺流程根据筛分和称量设施的布置，可以分为以下 3 种：

表 4-2　我国部分称量车主要技术指标

名　　称	技　术　指　标							
最大载重量/t	40	25	25	10	8	5	3	2.5
料车容积/m³	9	6	6	2	1.6	2.2		1
料车个数/个	2	2	2	2	2	1	1	1
轨距/mm	1435	1435	1435	1435	1435	1435		800
走行速度/m·s⁻¹	2.5	2.6	2.6	2.0	2.0	2.0	1.4	2.0
称重灵敏度/kg	±50	±50	±50	<50	±20	±25	±5	±6

（1）集中筛分，集中称量。料车上料的高炉槽下焦炭系统常采用这种工艺流程。其优点是设备数量少，布置集中，可节省投资，但设备备用能力低，一旦筛分设备或称量设备发生故障，则会影响高炉生产。

（2）分散筛分，分散称量。矿槽下多采用此流程。这种布置操作灵活，备用能力大，便于维护，适于大料批多品种的高炉。

（3）分散筛分，集中称量。焦槽下多采用此种流程。其优点是有利于振动筛的检修，集中称量可以减少称量设备，节省投资。

皮带机与称量车比较具有以下优点：

（1）设备简单，节省投资；而称量车设备复杂，投资高，维护麻烦。另外，称量车工作环境恶劣，传动系统和电器设备很容易出故障，要经常检修，要求有备用车，有的高炉甚至要有两台备用车才能满足生产需要，这就增加了投资。

（2）皮带机运输容易实现沟下操作自动化，能有效地减轻体力劳动和改善劳动条件，有利于工人健康。

（3）采用皮带机运输，可以降低矿槽漏嘴的高度，在贮矿槽顶面高度不变的情况下，可以增大贮矿槽容积。

基于上述原因，我国新建的 300m³ 以上的高炉基本上都选用皮带机作为槽下运输设备。

4.3　料车坑

料车式高炉在贮矿槽下面斜桥下端向料车供料的场所称为料车坑。一般布置在主焦槽的下方。

料车坑的大小与深度取决于其中所容纳的设备和操作维护的要求。小高炉比较简单，只要能容纳装料漏斗和上料小车就可以了，大型高炉则比较复杂。图 4-1 为某厂 1000m³ 高炉料车坑剖面图。

料车坑四壁一般由钢筋混凝土制成。在地下水位较高地区，料车坑的壁与底应设防水层，料车坑的底应考虑 0.5%～3% 的排水坡度，将积水集中到排水坑内，再用污水泵排出。

料车坑内所有设备均应设置操作平台或检修平台。在布置设备时应着重考虑各漏斗流嘴在漏料过程中能否准确地漏入料车内，并应注意各设备之间的空间尺寸关系，避免相互碰撞。

料车坑中安装的设备有：

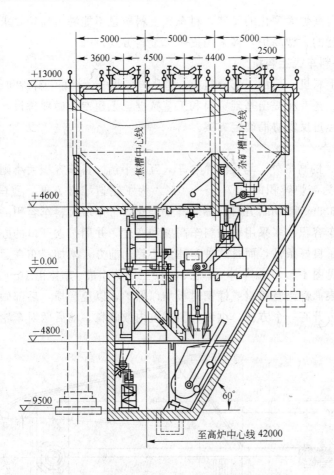

图 4-1 1000m³ 高炉料车坑剖面图

（1）焦炭称量设备。包括振动筛、称量漏斗和控制漏斗的闭锁器。在需要装料时振动筛振动，当给料量达到要求时停止。称量漏斗一般为钢结构，内衬锰钢，其有效容积应与料车的有效容积一致，在设计时应注意消除死角以避免剩料，提高称量的准确性。

（2）矿石称量漏斗。当槽下矿石用皮带机运输时，一般采用矿石称量漏斗。烧结矿在称量之前应筛除小于 5mm 的粉末。

（3）碎焦运出设备。经过焦炭振动筛筛出的焦粉，一般由斗式提升机提升到地面上的碎焦贮存槽中。

4.4 上料设备

将炉料直接送到高炉炉顶的设备称为上料机。对上料机的要求是：要有足够的上料能力，不仅能满足正常生产的需要，还能在低料线的情况下很快赶上料线。为满足这一要求，在正常情况下上料机的作业率一般不应超过 70%；工作稳妥可靠；最大程度的机械化和自动化。

上料机主要有料罐式、料车式和皮带机上料 3 种方式。料罐式上料机是上行重罐下行空罐，如果速度快，则吊着的料罐就会摆动不停，所以上料能力低，新建的高炉早已不再采用。近年来随着高炉大型化的发展，料车式上料机也不能满足高炉要求，只有中小型高炉仍然采用。新建的大型高炉，多采用皮带机上料方式。

4.4.1　斜桥料车式上料机

斜桥料车式上料机一般由三部分组成，提升的容器——料车、斜桥和卷扬机。通常，设计分工是由炼铁工艺专业提出基础资料和工艺数据，土建专业做斜桥设计，冶金设备专业做卷扬机设计，经过反复协商确定方案。

4.4.1.1　料车

除小于 100m³ 的高炉外，均设两个料车，互相平衡。料车容积大小则随高炉容积的增大而增大，一般为高炉容积的 0.7%～1.0%。为了制造维修方便，我国料车的容积有：2.0m³、4.5m³、6.5m³ 和 9m³ 几种。随着高炉强化，常用增大料车容积的方法来提高供料能力，而增大料车容积，多采用增加料车高度和宽度，并用扩大开口的办法来实现，这样给装料卸料创造了良好条件，而且这种车体重心趋向前方，增加料车在运行时的稳定性。

料车的构造见图 4-2。它由车体、车轮、辕架三部分组成。车体由 10～12mm 钢板焊成，底部和侧壁的内表面都镶有铸钢或锰钢衬板加以保护，以免磨损，后部做成圆角以防矿粉粘接，在尾部上方开有一个方孔，供装入料车坑内散碎料。前后两对车轮构造不同，因为

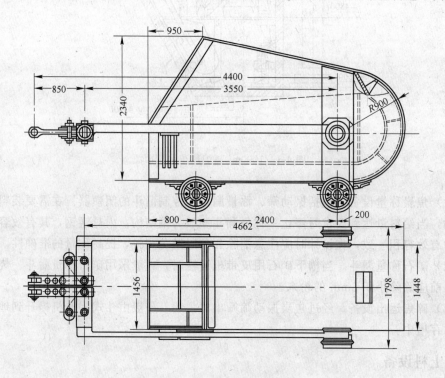

图 4-2　9m³ 料车结构示意图

前轮只能沿主轨滚动，而后轮不仅要沿主轨滚动，在炉顶曲轨段还要沿辅助轨道——分歧轨滚动，以便倾翻卸料，所以后轮做成具有不同轨距的两个轮面的形状。料车上的四个车轮是各自单独转动的，再加上使用双列向心球面轴承，各个车轮可以互不干涉的单独转动，这就可以完全避免车轮的滑行和不均匀磨损。辕架是一个门形钢框，活动地连接在车体上，

车体前部还焊有防止料车仰翻的挡板。一般用两根钢绳牵引料车，这样既安全又可以减小钢绳的刚度，允许工作在较小的曲率半径下，可以减小绳轮和卷筒的直径。在牵引装置中，还有调节两根钢绳延伸率的三角调节器，以保证两根钢绳上所受的张力相等。

4.4.1.2 斜桥

斜桥大都采用桁架结构，其倾角取决于铁路线数目和平面布置形式，一般为 55°～65°。设两个支点，下端支撑在料车坑的墙壁上，上端支撑在从地面单设的门型架子上，顶端悬臂部分和高炉没有联系，其目的是使结构部分和操作部分分开。有的把上支点放在炉顶框架上或炉体大框架上，在相接处设置滚动支座，允许斜桥在温度变化时自由位移，消除了对框架产生的斜向推力。

为了使料车能自动卸料，料车的走行轨道在斜桥顶端设有轨距较宽的分歧轨，常用的卸料曲轨形式见图 4-3。当料车的前轮沿主轨道前进时，后轮则靠外轮面沿分歧轨上升使料车自动倾翻卸料（参阅图 4-3c），料车的倾角达到 60° 时停车。在设计曲轨时，应考虑翻倒过程平滑，钢绳张力没有急剧变化，卸料偏析小，卸料后料车能在自重作用下，以较大的加速度返回。图 4-3c 的结构简单，制作方便，但工艺性能稍差，常用在小高炉上；图 4-3b和图 4-3a 用于中型高炉，图 4-3a 的工艺性能最好。

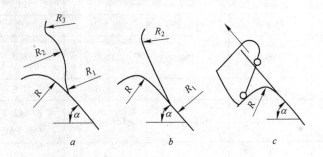

图 4-3 卸料曲轨形式

为了使料车上下平稳可靠，通常在走行轨上部装护轮轨。为了使料车装得满些，常将料车坑内的料车轨道倾角加大到 60° 左右。

4.4.1.3 卷扬机

卷扬机是牵引料车在斜桥上行走的设备。在高炉设备中是仅次于鼓风机的关键设备。要求它运行安全可靠，调速性能良好，终点位置停车准确，能够自动运行。

料车卷扬机系统，主要由驱动电机、减速箱、卷筒、钢绳、安全装置及控制系统等组成。具有以下特点：

（1）采用双电机传动，要求两台电机的型号和特性相同，并同时工作，以提高卷扬机工作的可靠性。对于 255m³ 以下的高炉，可以采用单电动机传动。

（2）采用直流电动机。用发电机-电动机组控制，调速范围大，并具有调速灵活、平稳和准确等特点。对于 255m³ 以下的小高炉，可以采用一台交流电动机传动。

（3）采用人字齿传动，以适应传动力矩大的需要。并只把卷筒轴上的一个轴承固定住，其余轴承可作轴向串动，以适应由于加工精度不够和安装产生的偏差而使人字齿两侧受力不均产生的推力。

（4）设有速度控制、防止过载、防止料车超越极限位置和钢绳松弛等安全保护装置。

料车的容积和卷扬机的能力与高炉容积有关，不同容积高炉所用的料车特性和卷扬机能力见表 4-3。

表 4-3　不同容积高炉所用料车和卷扬机特性

项　目	高炉容积 /m³				
	50	100	255	620~750	1000~1200
料车有效容积/m³	0.5	1.0	2.0	4.5	6.5
内轨距/mm	850	950	1190	1454	1454
轮子直径/mm	250	300	400	500	500
轮轴中心距/mm	1000	1250	1400	2000	2400
车厢外侧尺寸（长×宽×高）/mm	1718×656×686	2185×810×970	2850×1000×1200	3900×1220×1600	4312×1281×2614
钢绳正常拉力/t			4.8	7	15
钢绳最大拉力/t	2.5	3.4	7.5	11	19
钢绳速度/m·s⁻¹	约1.0	约1.35	约1.24	2.5	2.5~3.0
卷筒直径/mm（按钢绳中心计）	548.5	700	1200	1850	2000
钢绳直径/mm	18.5	20	28.5	32.5	39
电机型号	JR82-2	JZR62-10	JZR72-10	ZD242.3/36.5-6B	ZJD56/34-4
电机台数	1	1	1	2	2
电机功率/kW	28	36	80	160	190

4.4.2　皮带机上料系统

近年来，由于高炉的大型化，料车式上料机已不能满足高炉生产的要求，如一座 3000m³ 的高炉，料车坑会深达 5 层楼以上，钢丝绳会加粗到难于卷曲的程度，不论是增大每次上料量，还是增加上料次数，只要是间断上料，都将是很不经济的，故新建的大型高炉和部分中小型高炉都采用了皮带机上料系统，因为它连续上料，可以很容易地通过增大皮带速度和宽度，满足高炉要求。皮带机上料系统的优点是：

（1）大型高炉有两个以上出铁口和出铁场，高炉附近场地不足，要求将贮矿槽等设施离高炉远些，皮带机上料系统正好适应这一要求。

（2）上料能力大，比斜桥料车式上料机效率高而且灵活，炉料破损率低，改间断上料为连续上料。

（3）节省投资，节省钢材。采用皮带机代替价格昂贵的卷扬机和电动机组，既减轻了设备重量，又简化了控制系统。

国内外部分大中型高炉上料皮带机的主要技术参数见表 4-4。

表 4-4　国内外部分高炉上料皮带机主要技术参数

国别及厂名	高炉号	容积/ m³	宽度/ m	速度/ m·min⁻¹	水平长度/m	倾角	上料能力/ t·h⁻¹	电机功率/ kW×台
日本水岛	4	4323	2.4	120	309	13°27′	5300	350×4
日本千叶	5	4617	2.2	130	330	11°48′	4600	380×4
新日铁君津	3	4063	2.0	120	325.5	13°27′	4530	200×4
宝钢	1	4063	1.8	120	344.603	11°22′14″	3500	250×4
宝钢	3	4350	2.2	120	347.423	11°26′21″	5500	355×4
武钢	新3	3200	1.8	120	397.22	9°50′20″		
攀钢	4	1350	1.2	120	161.2	11°7′30″		
首钢	2	1327	1.2	120	344	12°	1100	380×2
唐钢	1	1260	1.2	96		11°43′49″	1200	132×4

　　图 4-4 是宝钢高炉贮矿槽的工艺布置。矿槽和输出皮带机布置在主皮带机的一侧,通称一翼式布置。这种布置的特点是槽下的输出皮带机运输距离较长,而上料皮带机运输距离较短,矿槽标高较低,炼铁车间布置比较灵活,适于岛式或半岛式布置。

　　贮焦槽和贮矿槽分成两排布置,贮焦槽占一排,烧结矿槽、杂矿槽和熔剂槽占一排,便于施工和检修。当贮矿槽内料位下降到 0.5～0.6 槽内高度时开始上料。料位控制过低,会造成物料粉碎,同时贮量也大大降低;料位控制过高,则会使槽上皮带机输送系统启动、停

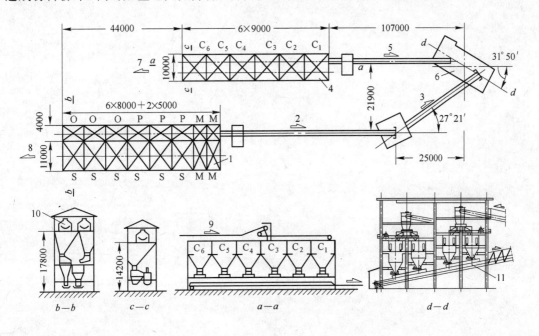

图 4-4　皮带机上料工艺流程

1—贮矿槽（S—烧结矿、O—球团矿、P—块矿、M—杂矿）;2—输出皮带机（一）;3—输出皮带机（二）;
4—贮焦槽;5—焦炭输出皮带机;6—中央称量室;7—粉焦输出皮带机;8—粉矿输出皮带机;
9—焦炭输入皮带机;10—矿石输入皮带机;11—上料皮带机

车频繁。用计算机计算和自动校正称量误差，校正原料含水量，控制矿石料仓的贮存量和记录装料量等。

上料皮带机的倾角最小 11°，最大 14°。皮带机宽度随高炉容积而异，保证皮带机运行安全非常重要。因此，在设计上采取了很多措施：如皮带机可以两个方向驱动，连续运转；一般设 3 台电机，两台运转 1 台备用；为预防反转用两台电机做制动；用液压缸拉紧皮带；设有观察皮带机运行情况的装置等等。

5 炉顶装料设备

高炉炉顶装料设备是用来将炉料装入高炉并使之合理分布，同时起炉顶密封作用的设备。

高炉是按逆流原则进行冶金过程的竖炉，炉顶是炉料的入口也是煤气的出口。为了便于人工加料，过去很长时间炉顶是敞开的。后来为了利用煤气，在炉顶安装了简单的料钟与料斗，即单钟式炉顶装料设备，把敞开的炉顶封闭起来，煤气用管导出加以利用，但在开钟装料时仍有大量煤气逸出，这样不仅散失了大量煤气，污染了环境，而且给煤气用户造成很大不便。后改用双钟式炉顶装料设备，交错启闭。为了布料均匀防止偏析，于 1906 年起出现了布料器，最初是马基式旋转布料器，它组成一个完整的密封系统和较为灵活的布料工艺，获得了广泛应用，后来又出现了快速旋转布料器和空转螺旋布料器。随着高压操作的广泛应用，炉顶的密封出现了新的困难，大料钟和大料斗的寿命也成为关键问题。1972 年，由卢森堡设计的 PW 型无钟炉顶，采用旋转溜槽布料，引起炉顶结构的重大变化。目前新建的 1000m³ 以上的高炉多数采用无钟炉顶装料设备。

无论何种炉顶装料设备均应能满足以下基本要求：

(1) 要适应高炉生产能力；

(2) 能满足炉喉合理布料的要求，并能按生产要求进行炉顶调剂；

(3) 保证炉顶可靠密封，使高压操作顺利进行；

(4) 设备结构应力求简单和坚固，制造、运输、安装方便，能抵抗急剧的温度变化及高温作用；

(5) 易于实现自动化操作。

5.1 钟式炉顶装料设备

5.1.1 马基式布料器双钟炉顶

马基式布料器双钟炉顶是钟式炉顶装料设备的典型代表，如图 5-1 所示。由大钟、大料斗、煤气封盖、小钟、小料斗和受料漏斗组成。

5.1.1.1 大钟、大料斗及煤气封罩

A 大钟

大钟用来分布炉料，其直径在设计炉型时应与炉喉直径同时确定，一般用 35 号钢整体铸造。对大型高炉来说，其壁厚不能小于 50mm，一般为 60～80mm。钟壁与水平面成 45°～55°，一般为 53°，对于球团矿和烧结矿角度可以取小值；对流动性较差，水分含量较高，粉末较多的矿则取大值。为了保证大钟和大料斗密切接触，减少磨损，大钟与大料斗的接触带都必须堆焊硬质合金并且进行精密加工，要求接触带的缝隙小于 0.08mm。为了减小大钟的扭曲和变形，常做成刚性大钟，即在大钟的内壁增加水平环形刚性环和垂直加强筋。

　　大钟与大钟杆的连接方式有绞式连接和刚性连接两种。绞式连接的大钟可以自由活动。当大钟与大料斗中心不吻合时，大钟仍能将大料斗很好地关闭。缺点是当大料斗内装料不均匀时，大钟下降时会偏斜和摆动，使炉料分布更不均匀。刚性连接时大钟杆与大钟之间用楔子固定在一起，其优缺点与活动的绞式连接恰好相反，在大钟与大料斗中心不吻合时，有可能扭曲大钟杆，但从布料角度分析，大钟下降后不会产生摇摆，所以偏斜率比绞式连接小。

　　B　大料斗

　　大料斗通常由 35 号钢铸成。对大高炉而言，由于尺寸很大，加工和运输都很困难，所以常将大料斗做成两节，如图 5-1 中的 1 和 22，这样当大料斗下部磨损时，可以只更换下部，上部继续使用。为了密封良好，与大钟接触的下节要整体铸成，斗壁倾角应大于 70°，壁应做得薄些，厚度不超过 55mm，而且不需要加强筋，这样，高压操作时，在大钟向上的巨大压力下，可以发挥大料斗的弹性作用，使两者紧密接触。

　　常压高炉大钟可以工作 3~5 年，大料斗 8~10 年，高压操作的高炉，当炉顶压力大于 0.2MPa 时，一般只能工作 1.5 年左右，有的甚至只有几个月。主要原因是大钟与大料斗接触带密封不好，产生缝隙，由于压差的作用，带灰尘的煤气流高速通过，磨损设备。炉顶压力越高，磨损越严重。

　　为了减小大钟、大料斗间的磨损，延长其寿命，常采取以下措施：

　　(1) 采用刚性大钟与柔性大料斗结构。在炉喉温度条件下，大钟在煤气托力和平衡锤的作用下，给大料斗下缘一定的作用力，大料斗的柔性使它能够在接触面压紧力的作用下，发生局部变形，从而使大钟与大料斗密切闭合。

　　(2) 采用双倾斜角的大钟，即大钟上部的倾角为 53°，下部与大料斗接触部位的倾角为 60°~65°，其优点有：

　　1) 减小炉料滑下时对接触面的磨损作用，因为大部分炉料滑下时，跳过了接触面直接落入炉内，双倾斜角起了"跳料台"的作用。

　　2) 可增加大钟关闭时对大料斗的压紧力，从而使大钟与大料斗闭合得更好。通过力学计算可知，当倾斜角由 53°增大到 62°时，大钟对大料斗的压紧力约增大 28%，这样可以进一步发挥刚性大钟与柔性大料斗结构的优越性。

　　3) 可减小煤气流对接触面以上的大钟表面的冲刷作用，这是由于漏过缝隙的煤气仍沿

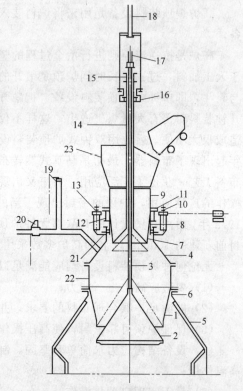

图 5-1　马基式布料器双钟炉顶

1—大料斗；2—大钟；3—大钟杆；4—煤气封罩；
5—炉顶封板；6—炉顶法兰；7—小料斗下部内层；
8—小料斗下部外层；9—小料斗上部；10—小齿轮；
11—大齿轮；12—支撑轮；13—定位轮；14—小钟杆；
15—钟杆密封；16—轴承；17—大钟杆吊挂件；
18—小钟杆吊挂件；19—放散阀；20—均压阀；
21—小钟密封；22—大料斗上节；23—受料漏斗

原方向前进，就进入了大钟与大料斗间的空间。

（3）在接触带堆焊硬质合金，提高接触带的抗磨性。大钟与大料斗间即使产生缝隙，也因有耐磨材质的保护而延长寿命，一般在接触带堆焊厚 5mm、宽约 100mm 的硬质合金。

（4）在大料斗内充压，减小大钟上、下压差。这一方法是向大料斗内充入洗涤塔后的净煤气或氮气，使得大钟上、下压差变得很小，甚至没有压差。由于压差的减小和消除，从而使通过大钟与大料斗间缝隙的煤气流速减小或没有流通，也就减小或消除了磨损。

C　煤气封罩

煤气封罩是封闭大小料钟之间的外壳。为了使料钟间的有效容积能满足最大料批进行同装的需要，其容积为料车有效容积的 5～6 倍，煤气封罩上设有两个均压阀管的出口和 4 个人孔，4 个人孔中 3 个小的人孔为日常维修时的检视孔，一个大的椭圆形人孔用来在检修时，放进或取出半个小料钟。

5.1.1.2　布料器

料车式高炉炉顶装料设备的最大缺点是炉料分布不均。料车只能从斜桥方向将炉料通过受料漏斗装入小料斗中，因此在小料斗中产生偏析现象，大粒度炉料集中在料车对面，粉末料集中在料车一侧，堆尖也在这侧，炉料粒度越不均匀，料车卸料速度越慢，这种偏析现象越严重。这种不均匀现象在大料斗内和炉喉部位仍然重复着。为了消除这种不均匀现象，通常采用的措施是将小料斗改成旋转布料器，或者在小料斗之上加旋转漏斗。

A　马基式旋转布料器

马基式旋转布料器是过去普遍采用的一种布料器，由小钟、小料斗和小钟杆组成，上边设有受料漏斗，整个布料器由电机通过传动装置驱动旋转，由于旋转布料器的旋转，所以在小料斗和下部大料斗封盖之间需要密封。

小钟采用焊接性能较好的 ZG35Mn2 铸成，为了增强抗磨性也有用 ZG50Mn2 的。为便于更换，小钟都铸成两半，两半的垂直结合面用螺栓从内侧连接起来。小钟壁厚约 60mm，倾角 50°～55°。在小钟与小料斗接触面堆焊硬质合金，或者在整个小钟表面堆焊硬质合金。小钟关闭时与小料斗相互压紧。小钟与小钟杆刚性连接，小钟杆由厚壁钢管制成，为防止炉料的磨损，设有锰钢保护套，保护套由两个半环组成。大钟杆从小钟杆内穿过，两者之间又有相对运动，大、小钟杆一般吊挂在固定轴承上。

小料斗由内、外两层组成（图 5-1 中 8、9），外层为铸钢件，起密封作用和固定传动用大齿轮。内料斗由上、下两部分组成，上部由钢板焊成，内衬以锰钢衬板；下部是铸钢的，承受炉料的冲击与磨损。为防止炉料撒到炉顶平台上，要求小料斗的容积为料车容积的 1.1～1.2 倍。

这种布料设备的特点是：小料斗装料后旋转一定角度，再开启小钟，一般是每批料旋转 60°，即 0°、60°、120°、180°、240°、360°，俗称六点布料，要求每次转角误差不超过 2°，这样小料斗中产生的偏析现象就依次沿炉喉圆周按上述角度分布。落在炉喉某一部位的大块料与粉末，或者每批料的堆尖，沿高度综合起来是均匀的，这种布料方式称为马基式布料。为了操作方便，当转角超过 180°时布料器可以逆转，例如 240°可变为−120°。

这种布料器尽管应用广泛，但存在一定的缺点：一是布料仍然不均，这是由于双料车上料时，料车位置与斜桥中心线有一定夹角，因此堆尘位置受到影响；二是旋转漏斗与密封装置极易磨损，而更换、检修又较困难。为了解决上述问题，出现了快速旋转布料器。

B 快速旋转布料器

快速旋转布料器实现了旋转件不密封、密封件不旋转。它在受料漏斗与小料斗之间加一个旋转漏斗，当上料机向受料漏斗卸料时，炉料通过正在快速旋转的漏斗，使料在小料斗内均匀分布，消除堆尖。其结构示意图见图 5-2a。

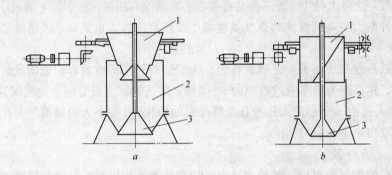

图 5-2 布料器结构示意图

a—快速旋转布料器；b—空转螺旋布料器

1—旋转漏斗；2—小料斗；3—小钟

快速旋转布料器的容积为料车有效容积的 0.3~0.4 倍，转速与炉料粒度及漏斗开口尺寸有关，过慢布料不匀，过快由于离心力的作用，炉料漏不尽，部分炉料剩余在快速旋转布料器里，当漏斗停止旋转后，炉料又集中落入小料斗中形成堆尖，一般转速为 10~20 r/min。

快速旋转布料器开口大小与形状，对布料有直接影响，开口小布料均匀，但易卡料，开口大则反之，所以开口直径应与原燃料粒度相适应。

C 空转螺旋布料器

空转螺旋布料器与快速旋转布料器的构造基本相同，只是旋转漏斗的开口做成单嘴的，并且操作程序不同，见图 5-2b。小钟关闭后，旋转漏斗单向慢速（3.2r/min）空转一定角度，然后上料系统再通过受料漏斗、静止的旋转漏斗向小料斗内卸料。若转角为 60°，则相当于马基式布料器，所以一般采用每次旋转 57°或 63°。这种操作制度使高炉内整个料柱比较均匀，料批的堆尖在炉内成螺旋形，不像马基式布料器那样固定，而是扩展到整个炉喉圆周上，因而能改善煤气的利用。但是，当炉料粒度不均匀时会增加偏析。

空转螺旋布料器和快速旋转布料器消除了马基式布料器的密封装置，结构简单，工作可靠，增强了炉顶的密封性能，减小了维护检修的工作量。另外，由于旋转漏斗容积较小，没有密封的压紧装置，所以传动装置的动力消耗较少。例如，255m³ 高炉用马基式布料器时传动功率为 11kW，用快速旋转漏斗时为 7.5kW，而空转螺旋布料器则更小，2.8kW 已足够。

5.1.2 变径炉喉

随着高炉炉容的扩大，为了解决炉喉径向布料问题，把只用来抵抗炉料磨损的炉喉保护板的作用扩大，采用钟斗装置和变径炉喉相结合，达到既准确又有效地进行布料调剂的目的。

　　宝钢 1 号高炉大修前采用的是日本钢管式活动炉喉保护板（NKK 式），见图 5-3 所示。沿炉喉圆周均布有 20 组水平移动式炉喉板，每组炉喉板由单独的油缸直接驱动，使炉喉板在导轨上前进或后退，行程距离在 700～800mm 之间。由于每组炉喉板单独驱动，故可全部或部分动作，用于调节炉料堆尖位置及炉内煤气发布。

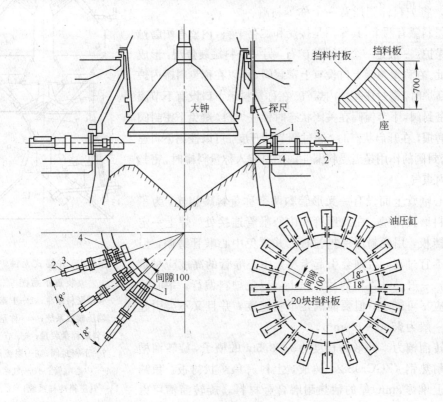

图 5-3　日本钢管式活动炉喉保护板示意图
1—炉喉板；2—油压缸；3—限位开关箱；4—炉喉板导轨

5.2　无钟炉顶装料设备

　　随着高炉炉容的增大，大钟体积越来越庞大，重量也相应增大，难以制造、运输、安装和维修，寿命短。从大钟锥形面的布料结果看，大钟直径越大，径向布料越不均匀，虽然配用了变径炉喉，但仍不能从根本上解决问题。20 世纪 70 年代初，兴起了无钟炉顶，用一个旋转溜槽和两个密封料斗，代替了原来庞大的大小钟等一整套装置，是炉顶设备的一次革命。

　　无钟炉顶装料设备从结构上，根据受料漏斗和称量料罐的布置情况可划分为两种，并罐式结构和串罐式结构。PW 早期推出的无钟炉顶设备是并罐式结构，直到今天，仍然有着广泛的市场。串罐式无钟炉顶设备出现得较晚，是 1983 年由 PW 公司首先推出的，并于 1984 年投入运行，它的出现以及随之而来的一系列改进，使得无钟炉顶装料设备有了一个崭新的面貌。

5.2.1　并罐式无钟炉顶装料设备

　　并罐式无钟炉顶的结构见图 5-4。主要由受料漏斗、称量料罐、中心喉管、气密箱、旋转溜槽等五部分组成。

　　受料漏斗有带翻板的固定式和带轮子可左右移动的活动式受料漏斗两种。带翻板的固定式受料漏斗通过翻板来控制向哪个称量料罐卸料。带有轮子的受料漏斗，可沿滑轨左右移动，将炉料卸到任意一个称量料罐。

　　称量料罐有两个，其作用是接受和贮存炉料，内壁有耐磨衬板加以保护。一般是一个料罐装矿石，另一个料罐装焦炭，形成一个料批。在称量料罐上口设有上密封阀，可以在称量料罐内炉料装入高炉时，密封住高炉内煤气。在称量料罐下口设有下节流阀和下密封阀，下节流阀在关闭状态时锁住炉料，避免下密封阀被炉料磨损，在开启状态时，通过调节其开度，可以控制下料速度，下密封阀的作用是当受料漏斗内炉料装入称量料罐时，密封住高炉内煤气。

　　中心喉管上面设有一叉形管和两个称量料罐相连，为了防止炉料磨损内壁，在叉形管和中心喉管连接处，焊上一定高度的挡板，用死料层保护衬板，并避免中心喉管磨偏，但是挡板不宜过高，否则会引起卡料。中心喉管的高度应尽量长一些，一般是其直径的两倍以上，以免炉料偏行，中心喉管内径应尽可能小，但要能满足下料速度，并且又不会引起卡料，一般为 $\phi500\sim700mm$。

　　旋转溜槽为半圆形的长度为 $3\sim3.5m$ 的槽子，旋转溜槽本体由耐热钢（ZGCr9Si2）铸成，上衬有鱼鳞状衬板。鱼鳞状衬板上堆焊 8mm 厚的耐热耐磨合金材料。旋转溜槽可以完成两个动作，一是绕高炉中心线的旋转运动，二是在垂直平面内可以改变溜槽的倾角，其传动机构在气密箱内。

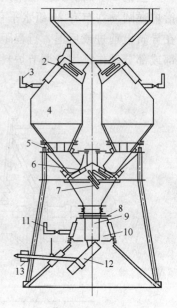

图 5-4　并罐式无钟炉顶装置示意图

1—移动受料漏斗；2—上密封阀；
3—均压放散系统；4—称量料罐；
5—料罐称量装置；6—节流阀；
7—下密封阀；8—眼镜阀；
9—中心喉管；10—气密箱；
11—气密箱冷却系统；12—旋转
溜槽；13—溜槽更换装置

　　无钟炉顶装料过程的操作程序是：当称量料罐需要装料时，受料漏斗移到该称量料罐上面，打开称量料罐的放散阀放散，然后再打开上密封阀，炉料装入称量料罐后，关闭上密封阀和放散阀。为了减小下密封阀的压力差，打开均压阀，使称量料罐内充入均压净煤气。当探尺发出装料入炉的信号时，打开下密封阀，同时给旋转溜槽信号，当旋转溜槽转到预定布料的位置时，打开节流阀，炉料按预定的布料方式向炉内布料。节流阀开度的大小不同可获得不同的料流速度，一般是卸球团矿时开度小，卸烧结矿时开度大些，卸焦炭时开度最大。当称量料罐发出"料空"信号时，先完全打开节流阀，然后再关闭，以防止卡料，尔后再关闭下密封阀，同时当旋转溜槽转到停机位置时停止旋转，如此反复。

　　并罐式无钟炉顶装料设备与钟斗式炉顶装料设备相比具有以下主要优点：

　　（1）布料理想，调剂灵活。旋转溜槽既可作圆周方向上的旋转，又能改变倾角，从理论上讲，炉喉截面上的任何一点都可以布有炉料，两种运动形式既可独立进行，又可复合在一起，故装料形式是极为灵活的，从根本上改变了大、小钟炉顶装料设备布料的局限性。

　　（2）设备总高度较低，大约为钟式炉顶高度的三分之二。它取消了庞大笨重而又要求精密加工的部件，代之以积木式的部件，解决了制造、运输、安装、维修和更换方面的困难。

（3）无钟炉顶用上、下密封阀密封，密封面积大为减小，并且密封阀不与炉料接触，因而密封性好，能承受高压操作。

（4）两个称量料罐交替工作，当一个称量料罐向炉内装料时，另一个称量料罐接受上料系统装料，具有足够的装料能力和赶料线能力。

但是并罐式无钟炉顶也有其不利的一面：

（1）炉料在中心喉管内呈蛇形运动，因而造成中心喉管磨损较快。

（2）由于称量料罐中心线和高炉中心线有较大的间距，会在布料时产生料流偏析现象，称之为并罐效应。高炉容积越大，并罐效应就越加明显。在双料罐交替工作的情况下，由于料流偏析的方位是相对应的，尚能起到一定的补偿作用，一般只要在装料程序上稍做调整，即可保证高炉稳定顺行，但是从另一个角度讲，毕竟两个料罐所装入的炉料在品种上，质量上不可能完全对等，因而并罐效应始终是高炉顺行的一个不稳定因素。

（3）尽管并列的两个称量料罐在理论上讲可以互为备用，即在一侧出现故障、检修时用另一侧料罐来维持正常装料，但是实际生产经验表明，由于并罐效应的影响，单侧装料一般不能超过 6h，否则炉内就会出现偏行，引起炉况不顺。另外，在不休风并且一侧料罐维持运行的情况下，对另一侧料罐进行检修，实际上也是相当困难的。

5.2.2 串罐式无钟炉顶装料设备

串罐式无钟炉顶也称中心排料式无钟炉顶，其结构如图5-5所示。与并罐式无钟炉顶相比，串罐式无钟炉顶有一些重大的改进：

（1）密封阀由原先单独的旋转动作改为倾动和旋转两个动作，最大限度地降低了整个串罐式炉顶设备的高度，并使得密封动作更加合理。

（2）采用密封阀阀座加热技术，延长了密封圈的寿命。

（3）在称量料罐内设置中心导料器，使得料罐在排料时形成质量流，改善了料罐排料时的料流偏析现象。

（4）1988 年 PW 公司进一步又提出了受料漏斗旋转的方案，以避免皮带上料系统向受料漏斗加料时由于落料点固定所造成的炉料偏析。

概括起来，串罐式无钟炉顶与并罐式无钟炉顶相比具有以下特点：

（1）投资较低，和并罐式无钟炉顶相比可减少投资10%。

（2）在上部结构中所需空间小，从而使得维修操作具有较大的空间。

（3）设备高度与并罐式炉顶基本一致。

（4）极大地保证了炉料在炉内分布的对称性，减小了炉料偏析，这一点对于保证高炉的稳定顺行是极为重要的。

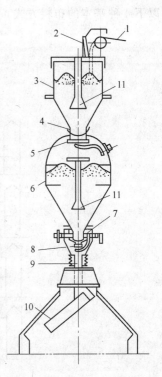

图 5-5　串罐式无钟炉顶
装置示意图

1—上料皮带机；2—挡板；3—受料漏斗；4—上闸阀；5—上密封阀；
6—称量料罐；7—下节流阀；
8—下密封阀；9—中心喉管；
10—旋转溜槽；11—中心导料器

（5）绝对的中心排料，从而减小了料罐以及中心喉管的磨损，但是，旋转溜槽所受炉料的冲击有所增大，从而对溜槽的使用寿命有一定的影响。

5.2.3　无钟炉顶的布料方式

无钟炉顶的旋转溜槽可以实现多种布料方式，根据生产对炉喉布料的要求，常用的有以下4种基本的布料方式，见图5-6。

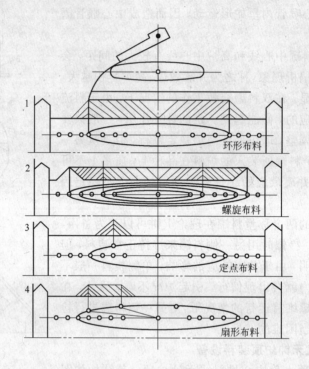

图 5-6　无钟炉顶布料形式

（1）环形布料，倾角固定的旋转布料称为环形布料。这种布料方式与料钟布料相似，改变旋转溜槽的倾角相当于改变料钟直径。由于旋转溜槽的倾角可任意调节，所以可在炉喉的任一半径做单环、双环和多环布料，将焦炭和矿石布在不同半径上以调整煤气分布。

（2）螺旋形布料，倾角变化的旋转布料称为螺旋形布料。布料时溜槽做等速的旋转运动，每转一圈跳变一个倾角，这种布料方法能把炉料布到炉喉截面任一部位，并且可以根据生产要求调整料层厚度，也能获得较平坦的料面。

（3）定点布料，方位角固定的布料形式称为定点布料。当炉内某部位发生"管道"或"过吹"时，需用定点布料。

（4）扇形布料，方位角在规定范围内反复变化的布料形式称为扇形布料。当炉内产生偏析或局部崩料时，采用该布料方式。布料时旋转溜槽在指定的弧段内慢速来回摆动。

5.3　HY 炉顶装料设备

HY 炉顶既不同于双钟式炉顶，也不同于无钟炉顶，现在已普遍应用于 300m³ 以下的中小型高炉。

HY 炉顶的原理是漏斗效应,实验装置如图 5-7 所示。将一定重量的两种不同粒度 2～4mm 和 6～10mm 的原料——铁矿石或焦炭,分别装入贮料漏斗中的 A 区和 B 区,中间用隔板隔开。装完后将隔板抽掉,然后提起钟式阀,使两种不同粒度的原料从漏斗出口同时流出。通过固定钟式布料器,流入圆形承料槽内。承料槽中间也用隔板隔开,分为 E 区和 F 区,然后分别测定 E 区和 F 区内物料的粒度组成,结果发现 E 区和 F 区均含有两种不同粒度的原料,对物料进行了混合,它具有混料和布料的作用,这就是漏斗效应。

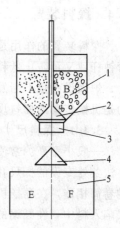

图 5-7　漏斗效应原理
实验装置图
1—贮料漏斗;2—钟式阀;
3—漏斗口;4—固定钟式布料器;5—承料槽

将漏斗效应原理应用于高炉炉顶设备,则出现了 HY 炉顶。图 5-8 是 3 种不同类型的 HY 炉顶结构示意图。

a 型和 *b* 型结构适用于 200～300m³ 高炉。它们在大、小受料斗下部各有一个截料阀(*b* 为小钟阀)和密封阀。再下面就是由可调漏斗和钟形布料器组成的布料系统。*c* 型结构适用于 50～180m³ 高炉,它在小受料斗下只有一个直径很小的钟式阀,大受料斗以下的结构与 *a*、*b* 型相同,这种结构的密封性能比 *a*、*b* 两种类型稍差,但对于炉顶压力仅有 0.02～0.03MPa 的小高炉已经足够,它的高度比 *a*、*b* 型降低 1m 多。

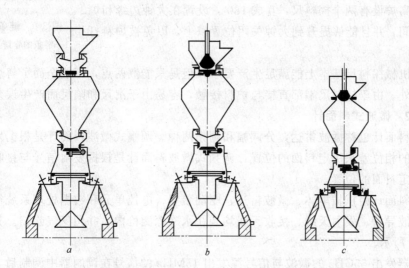

图 5-8　3 种不同类型的 HY 炉顶结构示意图

钟形布料器及它上面的可调漏斗,组成了 HY 型炉顶的布料系统。它没有旋转部件,可调漏斗被 4 个可调螺杆固定在钟形布料器的上部,在水平方向有一定的调节余地。可调漏斗起引导炉料的作用,当发现某个方位炉料分布少了,就将可调漏斗向该方位移动一定距离,即可消除偏料。生产实践表明,可调漏斗对消除偏料非常灵敏。一般情况下只需移动 10～20mm 即可消除偏料。

根据漏斗效应原理设计的 HY 型钟阀炉顶,具有布料均匀、密封性能好和寿命长的优点,其结构简单独特,为高炉炉顶的发展,开辟了新途径。

5.4 探料装置

探料装置的作用是准确探测料面下降情况,以便及时上料。既可防止料满时开大钟顶弯钟杆,又可防止低料线操作时炉顶温度过高,烧坏炉顶设备,特别是高炉大型化、自动化、炉顶设备也不断发展的今天,料面情况是上部布料作业的重要依据。目前使用最广泛的是机械传动的探料尺、微波式料面计和激光式料面计。

5.4.1 探料尺

一般小型高炉常使用长 3~4m、直径 25mm 的圆钢,自大料斗法兰处专设的探尺孔插入炉内,每个探尺用钢绳与手动卷扬机的卷筒相连,在卷扬机附近还装有料线的指针和标尺,为避免探尺陷入料中,在圆钢的端部安装一根横棒。

中型和高压操作的高炉多采用自动化的链条式探尺,它是链条下端挂重锤的挠性探尺,见图 5-9。探料尺的零点是大钟开启位置的下缘,探尺从大料斗外侧炉头内侧伸入炉内,重锤中心距炉墙不应小于 300mm,重锤的升降借助于密封箱内的卷筒传动。在箱外的链轴上,安设一钢绳卷筒,钢绳与探尺卷扬机卷筒相连。探尺卷扬机放在料车卷扬机室内,料线高低自动显示与记录。

每座高炉设有两个探料尺,互成 180°,设置在大钟边缘和炉喉内壁之间,并且能够提升到大钟关闭位置以上,以免被炉料打坏。

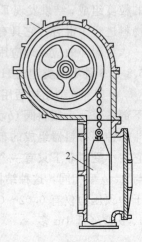

图 5-9 链条探料尺
1—链条的卷筒;2—重锤

这种机械探料尺基本上能满足生产要求,但是只能测两点,不能全面了解炉喉的下料情况;另外,由于探料尺端部直接与炉料接触,容易由于滑尺和陷尺而产生误差。

5.4.2 微波式料面计

微波料面计也称微波雷达,分调幅和调频两种。调幅式微波料面计是根据发射信号与接收信号的相位差来决定料面的位置,调频式微波料面计是根据发射信号与接收信号的频率差来测定料面的位置。

微波料面计由机械本体、微波雷达、驱动装置、电控单元和数据处理系统等组成。微波雷达的波导管、发射天线、接收天线均装在水冷探测枪内,并用氮气吹扫。其测量原理如图 5-10 所示。

振荡器发出 55GHz 的微波与信号源发出 15MHz 的信号在调制器中调制后,载波经波导管从抛物面状天线向炉料面发射,反射波由接收天线接收,再经波导管送入混频器中混频(本机振荡频率为 53.5GHz),产生 1.5GHz 的中频微波,经检波、放大即得到 15MHz 的信号波,再经信号基准延时进行比较,即可计算出测定的距离。

5.4.3 激光料面计

激光料面计是 20 世纪 80 年代开发出的高炉料面形状检测装置。它是利用光学三角法测量原理设计的,如图 5-11 所示。它由方向角可调的旋转光束扫描器向料面投射氩气激光,在另一侧用摄像机测量料面发光处的光学图像得到各光点的二维坐标,再根据光线断面的水平方位角和摄像机的几何位置,进行坐标变换等处理,找出该点的三维坐标,并在图像字符显示器(CRT)显示出整个料面形状。

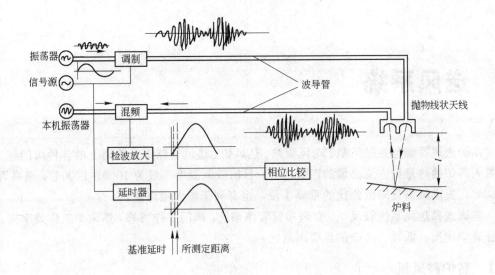

图 5-10 微波料面计的测量原理

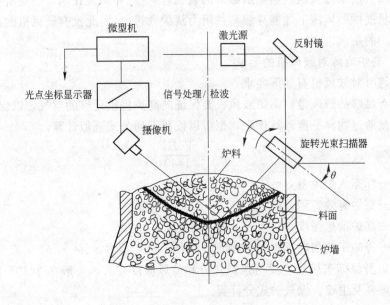

图 5-11 激光料面计

激光料面计已在日本许多高炉上使用，我国鞍钢也已应用。根据各厂使用的经验，激光料面计与微波料面计相比，各有其优缺点。激光料面计检测精度高，在煤气粉尘浓度相同和检测距离相等的条件下，其分辨率是微波料面计的 25～40 倍。但在恶劣环境下，就仪表的可靠性来说，微波料面计较方便。

6 送风系统

高炉送风系统包括鼓风机、冷风管路、热风炉、热风管路以及管路上的各种阀门等。热风带入高炉的热量约占总热量的四分之一，目前鼓风温度一般为1000~1200℃，最高可达1400℃，提高风温是降低焦比的重要手段，也有利于增大喷煤量。

准确选择送风系统鼓风机，合理布置管路系统，阀门工作可靠，热风炉工作效率高，是保证高炉优质、低耗、高产的重要因素之一。

6.1 高炉鼓风机

高炉鼓风机用来提供燃料燃烧所必需的氧气，热空气和焦炭在风口燃烧所生成的煤气，又是在鼓风机提供的风压下才能克服料柱阻力从炉顶排出。因此没有鼓风机的正常运行，就不可能有高炉的正常生产。

6.1.1 高炉冶炼对鼓风机的要求

高炉冶炼时对鼓风机有如下要求：

（1）要有足够的鼓风量。高炉鼓风机要保证向高炉提供足够的空气，以保证焦炭的燃烧。入炉风量通过物料平衡计算得到，也可以按照下列公式近似计算：

$$V_0 = \frac{V_u I V}{1440} \tag{6-1}$$

式中　V_0——标态入炉风量，m^3/min；

V_u——高炉有效容积，m^3；

I——高炉冶炼强度，$t/(m^3 \cdot d)$；

V——每吨干焦消耗标态风量，m^3/t。

每吨干焦消耗标态风量主要与焦炭灰分和鼓风湿度有关，一般在2450~2800m^3/t之间，可根据炉料及生铁、煤气的成分计算。

（2）要有足够的鼓风压力。高炉鼓风机出口风压应能克服送风系统的阻力损失、克服料柱的阻力损失、保证高炉炉顶压力符合要求。鼓风机出口风压可用下式表示：

$$p = p_t + \Delta p_{LS} + \Delta p_{FS} \tag{6-2}$$

式中　p——鼓风机出口风压，Pa；

p_t——高炉炉顶压力，Pa；

Δp_{LS}——高炉料柱阻力损失，Pa；

Δp_{FS}——高炉送风系统阻力损失，Pa。

常压高炉炉顶压力应能满足煤气除尘系统阻力损失和煤气输送的需要。高压操作可使高炉获得良好的冶炼效果，目前大中型高炉广为采用，大型高炉炉顶压力已达到0.25~0.40MPa。料柱阻力损失与高炉有效高度及炉料结构有关。送风系统阻力损失取决于管路布置、结构形式和热风炉类型。

(3) 既能均匀、稳定地送风，又要有良好的调节性能和一定的调节范围。高炉冶炼要求固定风量操作，以保证炉况稳定顺行，此时风量不应受风压波动的影响。但有时需要定风压操作，如在解决高炉炉况不顺或热风炉换炉时，需要变动风量但又必须保证风压的稳定。此外高炉操作中常需加、减风量，如在不同气象条件下、采用不同炉顶压力、或料柱阻力损失变化时，都要求鼓风机出口风量和风压能在较大范围内变化，因此，鼓风机要有良好的调节性能和一定的调节范围。

6.1.2 高炉鼓风机工作原理及特性

常用的高炉鼓风机有离心式和轴流式两种。下面简单介绍它们的工作原理及特性。

6.1.2.1 离心式鼓风机

离心式鼓风机的工作原理，是靠装有许多叶片的工作叶轮旋转所产生的离心力，使空气达到一定的风量和风压。高炉用的离心式鼓风机一般都是多级的，级数越多，鼓风机的出口风压也越高。

图 6-1 为四级离心式鼓风机。空气由进风口进入第一级叶轮，在离心力的作用下提高了运动速度和密度，并由叶轮顶端排出，进入环形空间扩散器，在扩散器内空气的部分动能转化为压力能，再经固定导向叶片流向下一级叶轮，经过四级叶轮，将空气压力提高到出口要求的水平，经排气口排出。

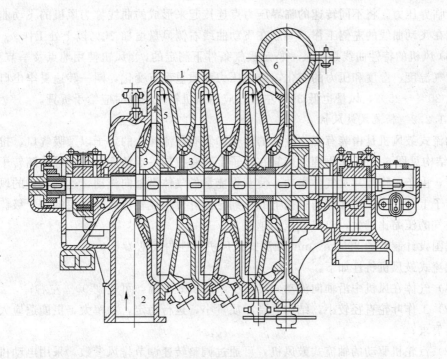

图 6-1 四级离心式鼓风机

1—机壳；2—进气口；3—工作叶轮；4—扩散器；5—固定导向叶片；6—排气口

鼓风机的性能用特性曲线表示。该曲线表示出在一定条件下鼓风机的风量、风压、功率及转速之间的变化关系。鼓风机的特性曲线，一般都是在一定试验条件下通过对鼓风机做试验运行实测得到的。测定特性曲线的吸气条件是：吸气口绝对压力为 0.098MPa，吸气温度为 20℃，相对湿度为 50％。每种型号的鼓风机都有自己的特性曲线，鼓风机的特性曲线是选择鼓风机的主要依据。图 6-2 为 K-4250-41-1 型离心式鼓风机特性曲线。

离心式鼓风机特性如下：

（1）在某一转速下，管网阻力增加（或减小）出口风压上升（或下降），风量将下降（或上升）。当管网阻力一定时改变转速，风压和风量都将随之改变。为了稳定风量，风机上装有风量自动调节机构，管网阻力变化时可自动调节转速和风压，保证风量稳定在某一要求的数值。

（2）风量和风压随转速而变化，转速可作为调节手段。

（3）风机转速愈高，风压-风量曲线曲率愈大。并且曲线尾部较陡，即风量增大时，压力降很大；在中等风量时曲线平坦，即风量变化风压变化较小，此区域为高效率经济运行区域。

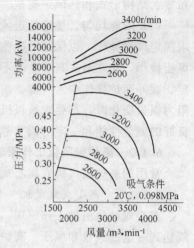

图 6-2　K-4250-41-1 型离心式鼓风机特性曲线

（4）风压过高时，风量迅速减小，如果再提高压力，则产生倒风现象，此时的风机压力称为临界压力。将不同转速的临界压力点连接起来形成的曲线称为风机的飞动曲线。风机不能在飞动曲线的左侧工作，一般在飞动曲线右侧风量增加 20％以上处工作。

（5）风机的特性曲线是在某一特定吸气条件下测定的，当风机使用地点及季节不同时，由于大气温度、湿度和压力的变化，鼓风压力和质量都有变化，同一转速夏季出口风压比冬季低 20％～25％，风量也低 30％左右，应用风机特性曲线时应给予折算。

6.1.2.2　轴流式鼓风机

轴流式鼓风机是由装有工作叶片的转子和装有导流叶片的定子以及吸气口、排气口组成，其结构见图 6-3。工作原理是依靠在转子上装有扭转一定角度的工作叶片随转子一起高速旋转，由于工作叶片对气体做功，使获得能量的气体沿轴向流动，达到一定的风量和风压。转子上的一列工作叶片与机壳上的一列导流叶片构成轴流式鼓风机的一个级。级数越多，空气的压缩比越大，出口风压也越高。

我国设计制造的 $3250m^3/min$ 轴流式鼓风机特性曲线见图 6-4。

轴流式鼓风机特性如下：

（1）气体在风机中沿轴向流动，转折少，风机效率高，可达到 90％左右；

（2）工作叶轮直径较小，结构紧凑、质量小，运行稳定，功率大，更能适应大型高炉冶炼的要求；

（3）汽轮机驱动的轴流式鼓风机，可通过调整转速调节排风参数，采用电动机驱动的轴流风机，可调节导流叶片角度来调节排风参数，两者都有较宽的工作范围；

（4）特性曲线斜度很大，近似等流量工作，适应高炉冶炼要求；

（5）但是，飞动曲线斜度小，容易产生飞动现象，使用时一般采用自动放风。

6.1.3　高炉鼓风机的选择

选择高炉鼓风机，要根据高炉要求的风量和风压，还要考虑鼓风机特性曲线。根据物

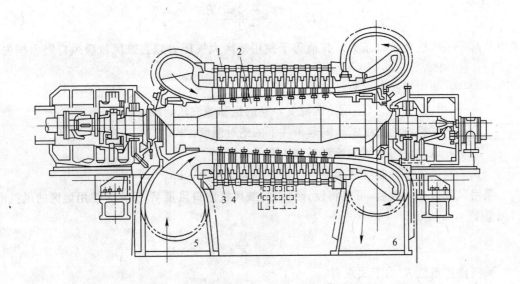

图 6-3　轴流式鼓风机
1—机壳；2—转子；3—工作叶片；4—导流叶片；5—吸气口；6—排气口

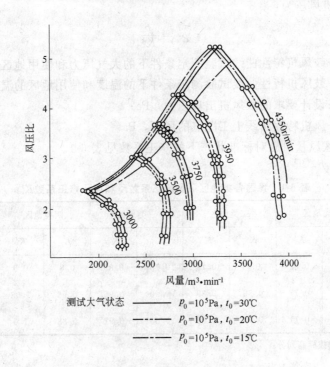

图 6-4　3250m³/min 轴流式鼓风机特性曲线

料平衡计算得到的风量是标准状态下的体积即质量风量，鼓风机特性曲线是在特定吸气条件下测得的风量与风压的关系曲线，由于使用地区气温、湿度和气压的差异，同一转速输出的风量和风压变化很大。因此，选择鼓风机应参照出厂特性曲线，进行风量和风压的修正。

根据气体状态方程式得到风量修正系数 K 的近似计算公式：

$$K = \frac{(p_S - \psi p_H)T_1}{p_1 T_2} \tag{6-3}$$

式中　p_S——风机吸风口压力，其值等于使用地区大气压力减去鼓风机吸风口阻力损失，Pa；

　　　ψ——使用地区大气相对湿度，%；

　　　p_H——气温在 t ℃（使用地区温度）时的饱和蒸汽压，Pa；

　　　T_1——风机特性曲线试验测定条件下的绝对温度，K；

　　　T_2——风机使用地区的绝对温度，K；

　　　p_1——风机特性曲线试验测定条件下的大气压力，Pa。

采用风量修正系数后，可以将设计要求的鼓风机出口风量 V，折算为使用地区的风机出口风量 V'（m³/min）

$$V' = \frac{V}{K} \tag{6-4}$$

风压修正系数 K' 由下式求得：

$$K' = \frac{p_2 T_1}{p_1 T_2} \tag{6-5}$$

使用地区风机风压为：

$$p' = \frac{p}{K'} \tag{6-6}$$

式中　p_1、p_2——鼓风机特性曲线试验测定条件下的大气压力和使用地区的大气压力，Pa；

　　　T_1、T_2——鼓风机特性曲线试验测定条件下的温度和使用地区的温度，K；

　　　p——设计要求的鼓风机出口压力，Pa；

　　　p'——风机特性曲线上工况点的风压，Pa。

我国各类地区风量风压对标准状态下的修正系数见表 6-1。

表 6-1　我国各类地区风量修正系数 K 和风压修正系数 K'

季　　节	一类地区		二类地区		三类地区		四类地区		五类地区	
	K	K'	K	K'	K	K'	K	K'	K	K'
夏　季	0.55	0.62	0.7	0.79	0.75	0.85	0.8	0.9	0.94	0.95
冬　季	0.68	0.77	0.79	0.89	0.90	0.96	0.96	1.08	0.99	1.12
全年平均	0.63	0.71	0.73	0.83	0.83	0.91	0.88	1.0	0.92	1.04

注：地区分类按海拔标高划分：

　　高原地区：

　　　　一类——海拔约 3000m 以上地区，如昌都、拉萨等；

　　　　二类——海拔 1500～2300m 地区，如昆明、兰州、西宁等；

　　　　三类——海拔 800～1000m 地区，如贵阳、包头、太原等；

　　平原地区：

　　　　四类——海拔高度在 400m 以下地区，如重庆、武汉、湘潭等；

　　　　五类——海拔高度在 100m 以下地区，如鞍山、上海、广州等。

综上所述,设计高炉车间,合理选择风机是一项重要工作,选择风机的主要依据是高炉有效容积和生产能力,同时也应考虑到使用地区的自然气候条件,以及高炉冶炼条件。选择高炉鼓风机要考虑以下两点:

(1)高炉鼓风机最大质量鼓风量应能满足夏季高炉最高冶炼强度的要求;冬季,风机应能在经济区域工作,不放风,不飞动。

(2)对于高压操作的高炉,应考虑常压冶炼的可行性和合理性。风机应在 $ABCD$ 区域工作,见图 6-5。A 点是夏季最高气温、高压操作的最高冶炼强度工作点;B 点是夏季最高气温、常压操作的最高冶炼强度工作点;C 点是

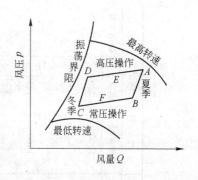

图 6-5 高压高炉鼓风机工况区示意图

冬季最低气温、常压操作的最低冶炼强度工作点;D 点是冬季最低气温、高压操作的最低冶炼强度工作点。

6.1.4 高炉鼓风机的串联与并联

新设计的高炉车间,鼓风机能力应与高炉容积相匹配,以便发挥两者的潜力。但对于已建成的高炉,由于生产条件的改变,当风压或风量不足时,可以采用鼓风机串联或并联。

鼓风机的串联可以提高风压。所谓风机串联是指在主风机吸风口前设置一加压风机,使主风机吸入的空气密度增加,由于主风机的容积流量是不变的,因而通过主风机的空气重量增大,提高了风机风压。串联用的加压风机,其风量可比主风机稍大,而风压要较低。当两个鼓风机串联时,两个风机之间的管道上应设有阀门,用来调节管道阻力损失,并且在加压风机后应设冷却装置,否则主风机温度过高。

鼓风机的并联可以提高风量。风机并联是把两台鼓风机的出口管道,顺着风的流动方向合并成一条管道送往高炉。为了提高其并联的效果,除两台鼓风机应尽量采用同型号外,每台鼓风机的出口,都应设置逆止阀和调节阀。逆止阀用来防止风的倒流,调节阀用来调节两台风机的风压,同时,因为并联后风量增加了,送风管道直径也要相应增大,否则会增加管线的阻力损失。

6.2 内燃式热风炉

热风炉实质上是一个热交换器。

现代高炉普遍采用蓄热式热风炉。由于燃烧和送风交替进行,为保证向高炉连续供风,通常每座高炉配置 3 座或 4 座热风炉。热风炉的大小及各部位尺寸,取决于高炉所需要的风量及风温。热风炉的加热能力用每 $1m^3$ 高炉有效容积所具有的加热面积表示,一般为 80 $\sim 100m^2/m^3$ 或更高。

根据燃烧室和蓄热室布置形式的不同,热风炉分为 3 种基本结构形式,即内燃式热风炉(传统型和改进型)、外燃式热风炉和顶燃式热风炉。我国几座典型热风炉的特性参数见表 6-2。

6.2.1 传统型内燃式热风炉

传统型内燃式热风炉基本结构见图 6-6。它由炉衬、燃烧室、蓄热室、炉壳、炉箅子、支柱、管道及阀门等组成。燃烧室和蓄热室砌在同一炉壳内,之间用隔墙隔开。煤气和空

表 6-2 我国几座典型热风炉的特性参数

项目	新日铁皮外燃式				马琴外燃式	地得外燃式		顶燃式			霍戈文内燃式	
	宝钢1、2、3	马钢新1号	鞍钢7号	鞍钢10号	鞍钢6号	本钢5号	本钢3号	首钢2号	首钢4号	重钢5号	武钢新3号	鞍钢9号
炉容/m³	4063、4350	2545	2580	2580	1050	2000	1070	1726	2100	1200	3200	983
热风炉座数	4	4	4	4	3	4	3	4	4	4	4	3
设计风温/℃	1200~1250	1150~1200	1200~1250	1200	1250~1300	1200~1250	1150~1200	1100~1150	1050~1100	1200	1200	1150
设计拱顶温度/℃	1450	1380	1450	1400~1500	1400~1500	1400	1400	1400	1400	1400	1450	1400
热室全高/mm	54250	53030	55741	51450	50300	54000	39688	48680			49540	36042
蓄热室直径/mm	10000	8300	8000		5500	8500	6520	5792	7194	6640	8200	5600
蓄热室断面积/m²	78.5	44.18	50.27		23.76	40	33.38	26.35	40.647	34.627	52.9	25.312
蓄热室高度/mm	53356	50016	53885		47071	46000		37700	34000	30200	34000	30962
燃烧室直径/mm	6100	3740	3500		2600	3400	3000			2334	3800	2300
燃烧室断面积/m²	29.2	10.99	9.62		5.31	9.0	7.07	203.2		4.28	11.3	4.155
燃烧室高度/mm	37156	28353	43441	41450	35300	40000	28360					
单容蓄热面积/m²·m⁻³	75/70	93	80	90	67	117	110	85.02	97.63	84	85.6	76.9
格子砖砖孔径/mm	43	43	上52×52 下50×70	43	上52×52 中52×62 波纹 下50×70	45	48	45	45	43	43	43
格子砖高度/mm	35010	33500	36880	35500	33600	45765	32508				35800	25900
格砖总质量/t·座⁻¹	2241	1989	2703					1399	1974.3	1055		2415.4
燃烧器种类	三孔陶瓷	套筒陶瓷	套筒陶瓷	套筒陶瓷	套筒陶瓷	金属套筒	套筒陶瓷	4个短焰燃烧器	3个短焰燃烧器	套筒陶瓷	矩形陶瓷	套筒陶瓷

气由管道经阀门送入燃烧器并在燃烧室内燃烧,燃烧的热烟气向
上运动经过拱顶时改变方向,再向下穿过蓄热室,然后进入大烟
道,经烟囱排入大气。在热烟气穿过蓄热室时,将蓄热室内的格
子砖加热。格子砖被加热并蓄存一定热量后,热风炉停止燃烧,转
入送风。送风时冷风从下部冷风管道经冷风阀进入蓄热室,通过
格子砖时被加热,经拱顶进入燃烧室,再经热风出口、热风阀、热
风总管送至高炉。

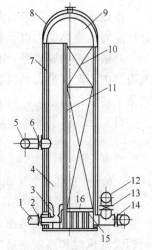

图 6-6 内燃式热风炉

1—煤气管道;2—煤气阀;3—燃烧器;4—燃烧室;5—热风管道;6—热风阀;7—大墙;8—炉壳;9—拱顶;10—蓄热室;11—隔墙;12—冷风管道;13—冷风阀;14—烟道阀;15—支柱;16—炉箅子

热风炉主要尺寸是外径和全高,而高径比(H/D)对热风炉
的工作效率有直接影响,一般新建热风炉的高径比在 5.0 左右。
高径比过低时会造成气流分布不均,格子砖不能很好利用;高径
比过高热风炉不稳定,并且可能导致下部格子砖不起蓄热作用。
我国设计的不同炉容热风炉的高径比见表 6-3。

表 6-3 不同炉容热风炉的高径比

高炉容积/m³	255	620	1026	1260	1513	1800	2050	2560
H	28840	33500	37000	38160	44450	44470	54000	47250
D	上 5400 下 5200	上 7300 下 6780	8000	上 8310 下 8000	9000	上 9330 下 9000	上 9960 下 9500	10000
H/D	5.55	4.94	4.62	4.95	4.93	4.94	5.68	4.72

6.2.1.1 燃烧室

燃烧室是燃烧煤气的空间,内燃式热风炉位于炉内一侧紧靠大墙。燃烧室断面形状有
3 种:圆形、眼睛形和复合形,见图 6-7。

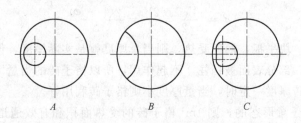

图 6-7 燃烧室断面形状

A—圆形;B—眼睛形;C—复合形

燃烧室隔墙由两层互不错缝的高铝砖砌成,大型高炉用一层 345mm 和一层 230mm 高
铝砖砌成,中、小型高炉用两层 230mm 高铝砖砌成。互不错缝是为受热膨胀时,彼此没有
约束。燃烧室比蓄热室要高出 300~500mm,以保证烟气流在蓄热室内均匀分布。

做简易计算时可按燃烧室内截面积(包括隔墙面积)占热风炉总内截面积的 22%~
30%,大高炉取小值,小高炉取大值。烟气在燃烧室内的标态流速为 3~3.5m/s(金属套筒
式燃烧器)和 6~7m/s(陶瓷燃烧器)。

6.2.1.2　蓄热室

蓄热室是热风炉进行热交换的主体，它由格子砖砌筑而成。格子砖的特性对热风炉的蓄热能力、换热能力以及热效率有直接影响。

对格子砖的要求是：有较大的受热面积进行热交换；有一定的砖重量来蓄热，保证送风周期内不产生过大的风温降；能引起气流扰动，保持高流速，提高对流体传热效率；砌成格子室后结构稳定，砖之间不产生错动。格子砖的主要特性指数有：

（1）1m³ 格子砖的受热面积 S（m²/m³）。对方孔格子砖可按下式计算：

$$S = \frac{4b}{(b + \delta)^2} \tag{6-7}$$

式中　b——格孔边长，m；

　　　δ——格子砖厚度，m。

希望格子砖的受热面积大些，因为它是热交换的基本条件，同样体积的格子砖，受热面积大则风温和热效率高，一般板状格子砖的受热面积小，穿孔格子砖的受热面积大。

（2）有效通道截面积 φ。对方孔格子砖可按下式计算：

$$\varphi = \frac{b^2}{(b + \delta)^2} \tag{6-8}$$

由于热风炉中对流传热方式占比重较大，φ 值小可提高流速，从而提高传热效率。但 φ 值过小会导致气流阻力损失的增加，消耗较多的能量。一般 φ 值在 0.28～0.46 之间。

（3）1m³ 格子砖中耐火砖的体积或称填充系数 V：

$$V = 1 - \varphi \tag{6-9}$$

它表示格子砖的蓄热能力，同样送风周期，填充系数大的砖型，由于蓄热量多，风温降小，能维持较高的风温水平。一般要综合考虑 V 和 φ 两个指标，不要追求其中一个指标而影响另一指标。

（4）当量厚度 σ。格子砖当量厚度可以用下式表示：

$$\sigma = \frac{V}{S/2} = \frac{2V}{S} = \frac{2(1 - \varphi)}{S} \tag{6-10}$$

如果格子砖是一块平板，两面受热，则当量厚度就是实际厚度，但实际上蓄热室内格子砖是互相交错的，部分表面被挡住，不起作用，所以格子砖的当量厚度总是比实际厚度大，这说明当实际砖厚度一定时，当量厚度小则格子砖利用好。

如果格子砖是任意形态的，则 1m³ 格子砖的受热面积和有效通道截面积表达式分别为：

$$S = \frac{孔周长}{孔面积 + 砖面积} \tag{6-11}$$

$$\varphi = \frac{通道面积}{通道面积 + 砖面积} \tag{6-12}$$

减小格孔可增大砖占有的体积，也就增大了蓄热能力。格孔大小取决于燃烧用煤气的含尘量，如果含尘量大，格孔小时就容易堵塞。随煤气净化水平的提高，格孔有减小的趋势。

常用的格子砖基本上分两类，板状砖和块状穿孔砖。

板状砖的每个孔由 4 块砖组成。为增加砖的表面积或使气流产生紊流提高对流传热能力，还有波纹砖和切角豆点砖，如图 6-8 所示。切角豆点砖切角形成的水平通道还可使整个蓄热室断面气流分布均匀。板状砖具有价格低的优点，但砌成的蓄热室稳定性差，容易倒塌和错位。目前，无论是大高炉还是中小高炉的热风炉已经很少采用这类砖了。

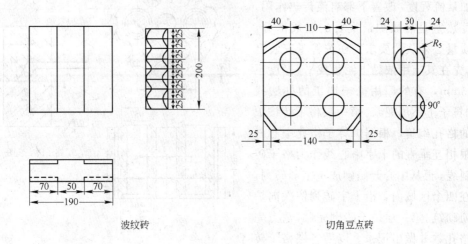

波纹砖   切角豆点砖

图 6-8　波纹砖和切角豆点砖

块状穿孔砖，是在整块砖上穿孔，而孔型有圆形、方形、长方形、六角形等，采用较多的是五孔砖和七孔砖，图 6-9 为七孔格子砖结构图。块状穿孔砖的优点是砌成的蓄热室稳定性好，砌筑快，受热面积大。缺点是成本高。为了引起气流扰动和增加受热面积，常在孔内增加突缘，或将孔做成有一定锥度，还可将长方形孔隔 1～3 层扭转 90°。我国部分厂家使用的五孔砖和七孔砖性能参数见表 6-4。

表 6-4　五孔砖和七孔砖性能比较

项　　目	五孔砖					七孔砖			
	攀钢	攀钢	首钢	鞍钢	攀钢	宝钢	首钢	首钢	本钢
格孔尺寸/mm	52×52	50×70 48×68	55×55 45×65	52×52	$\phi43$	$\phi43$	$\phi47/\phi48$	$\phi42/\phi48$	$\phi45$
当量直径/mm	53.81	58.30	53.20	53.81	43	43	47.5	45	45
有效通道截面积/m² · m⁻²	0.331	0.434	0.41	0.432	0.409	0.409	0.456	0.41	0.364
受热面积/m² · m⁻³	24.65	29.75	30.6	28.733	38.07	38.06	38.38	36.36	32.375
当量厚度/mm	54.33	38	35.4		31.02	31.01	28.4	32.5	39
格子砖厚度/mm	38	30.32	30	30～40			19.5	22	

蓄热室的结构可以分为两类，即在整个高度上格孔截面不变的单段式和格孔截面变化的多段式。从传热和蓄热角度考虑，采用多段式较为合理。热风炉工作中，希望蓄热室上部高温段多贮存一些热量，所以上部格子砖填充系数（V）较大而有效通道截面积（φ）较小，这样送风期间不致冷却太快，以免风温急剧下降。在蓄热室下部由于温度低，气流速

度也较低，对流传热效果减弱，所以应设法提高下部格子砖热交换能力，较好的办法是采用波浪形格子砖或截面互变的格孔，以增加紊流程度，改善下部对流传热作用。

蓄热室是热风炉最重要的组成部分，砌筑质量必须从严要求。在炉算子安装合格后，先在其上用浓黏土泥浆找平，厚度不大于 5mm，有的厂用机械加工的办法找平，炉算子上不用泥浆。第一层格子砖按炉算子的格孔砌筑，根据炉算子格孔中心画上两根相互垂直的十字中心线作为格子砖的控制线。再从中心开始砌成十字形砖列，然后在四个区域内，沿十字砖列依次向炉墙方向砌筑。第一层格子砖砌完后，清点完整的格孔数并做出记录。以后各层格子砖均为干砌，要确保格孔垂直，格子砖边缘与

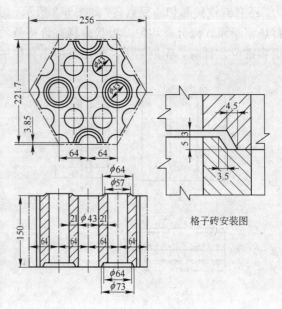

图 6-9　七孔格子砖

炉墙间留 10～15mm 的膨胀缝，膨胀缝内填以草绳或木楔以防格子砖松动。整个格子砖砌完后，应进行格子砖清理，格孔堵塞的数量不应超过第一层格子砖完整孔的 3%。

格子砖有"独立砖柱"和"整体交错"两种砌筑方式。独立砖柱结构，在砌筑高度上公差要求不太严格，但稳定性差；交错砌筑法是上、下层格子砖相互咬砌，使蓄热室形成一个整体的砌筑方法，该方法可以有效地防止格子砖的倾斜位移。整体交错砌筑对格子砖本身公差要求严格，砌筑前要认真挑选、分类。交错砌筑法如图 6-10 所示。

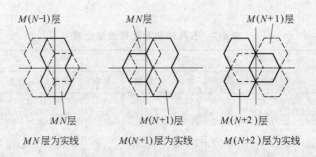

图 6-10　格子砖交错砌筑法

6.2.1.3　炉墙

炉墙起隔热作用并在高温下承载，因此各部位炉墙的材质和厚度要根据砌体所承受的温度、荷载和隔热需要而定。

炉墙一般由砌体（大墙）、填料层、隔热层组成。大墙厚度，一般中小高炉热风炉为 230mm，大高炉热风炉为 345mm，砖缝小于 2mm。隔热砖一般为 65mm 硅藻土砖、紧靠炉壳砌筑。在隔热砖和大墙之间留有 60～80mm 的水渣-石棉填料层，以吸收膨胀和隔热。近

年来有的厂将水渣-石棉填料层去掉,用 2 层 30mm 厚的硅铝纤维贴于炉壳上,同时将轻质砖置于硅铝纤维与大墙之间,取得较好效果。在炉壳内喷涂 20~40mm 不定形耐火材料,可起到隔热、保护炉壳的作用。为减少热损失,在上部高温区大墙外增加一层 113mm 或 230mm 的轻质高铝砖;在两种隔热砖之间填充 50~90mm 隔热填料层,其材料为水渣石棉粉、干水渣、硅藻土粉、蛭石粉等。

炉墙砌砖是在安好炉箅子支柱,经校正和灌浆找平后进行的。砌筑时以炉壳为导面,用样板砌筑。炉箅子以下砌成不错缝的同心圆环,炉箅子以上按炉墙结构砌筑。

热风口、燃烧口周围一米半径范围内的砌体紧靠炉壳,以防止填料脱落时窜风。其间不严处用与砌体同成分的浓泥浆填充堵严,热风出口与热风短管的内衬接头应沿炉壳方向砌成直缝,不得咬缝,防止炉墙膨胀时将热风出口砌砖切断窜风。

6.2.1.4 拱顶

拱顶是连接燃烧室和蓄热室的砌筑结构,在高温气流作用下应保持稳定,并能够使燃烧的烟气均匀分布在蓄热室断面上。由于拱顶是热风炉温度最高的部位,必须选择优质耐火材料砌筑,并且要求保温性能良好。传统内燃式热风炉,拱顶为半球形,见图 6-11。这种结构的优点是炉壳不受水平推力,炉壳不易开裂。传统内燃式热风炉拱顶一般以优质黏土砖或高铝砖砌筑,厚 450mm,向外是 230mm 厚硅藻土砖和 113mm 填料层,在拱顶砌体的上部与炉壳之间留有 300~600mm 膨胀间隙。

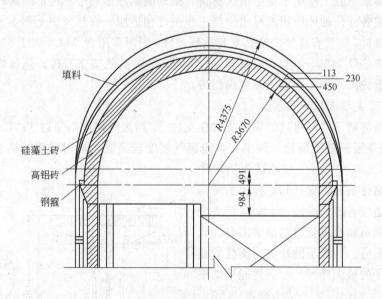

图 6-11 热风炉半球形拱顶结构

由于拱顶支撑在大墙上,大墙受热膨胀,使拱顶受压容易损坏,故新设计的高风温热风炉,除加强拱顶的保温绝热外,还在结构上将拱顶与大墙分开,拱顶坐在环梁上,外形呈蘑菇状即锥球形拱顶。这样使拱顶消除因大墙热胀冷缩而产生的不稳定因素,同时也减轻了大墙的荷载。锥球形拱顶如图 6-12 所示。

拱顶砖厚度(砖长)一般 380~450mm,外砌 113mm 隔热砖,常用硅藻土砖。对拱顶温度大于 1400℃ 的热风炉,应在拱顶砖外砌二层隔热砖,一层是 230mm(轻质高铝砖),另

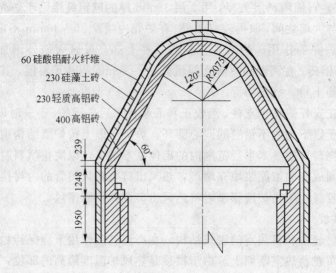

图 6-12　热风炉锥球形拱顶

一层是 65～113mm 硅藻土砖。最近有的热风炉用硅酸铝耐火纤维板贴于炉壳上隔热,有较好的效果。如果炉壳上喷涂不定形耐火材料,则硅酸铝纤维贴于不定形耐火材料上。

综上所述各部位砌体所用的材质应与工作条件相适应。在热风炉上部 1/3 高度高温区所用的耐火材料,应具有良好的抗蠕变和抗侵蚀性,国内多用含 Al_2O_3 大于 65% 的高铝砖,国外有的用含 SiO_2 94%～96% 的硅砖或 Al_2O_3 72%～76% 的莫来石砖。热风炉中下部温度不高,但荷重较大,故多用黏土砖或高铝砖。

6.2.1.5　支柱及炉箅子

蓄热室全部格子砖都通过炉箅子支持在支柱上,当废气温度不超过 350℃,短期不超过 400℃时,用普通铸铁就能稳定地工作,当废气温度较高时,可用耐热铸铁（Ni 0.4%～0.8%,Cr 0.6%～1.0%）或高硅耐热铸铁。

为避免堵住格孔,支柱和炉箅子的结构应和格孔相适应,如图 6-13 所示。支柱高度要满足安装烟道和冷风管道的净空需要,同时保证气流畅通。炉箅子的块数与支柱数相同,而炉箅子的最大外形尺寸,要能从烟道口进出。

6.2.1.6　燃烧器

燃烧器是用来将煤气和空气混合,并送进燃烧室内燃烧的设备。对燃烧器的要求是:首先应有足够的燃烧能力,即单位时间能送进、混合、燃烧所需要的煤气量和助燃空气量,并排出生成的烟气量,不致造成过大的压头损失（即能量消耗）。其次还应有足够的

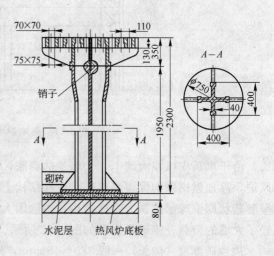

图 6-13　支柱和炉箅子的结构

调节范围，空气过剩系数可在 $1.05 \sim$ 1.50 范围内调节。应避免煤气和空气在燃烧器内燃烧、回火，保证在燃烧器外迅速混合、完全而稳定地燃烧。

燃烧器种类很多，我国常见的有套筒式和栅格式，就其材质而言又分金属燃烧器和陶瓷燃烧器。

A　金属燃烧器

金属燃烧器由钢板焊成，见图 6-14。

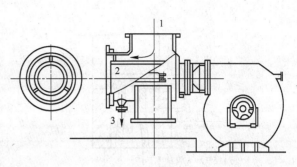

图 6-14　金属燃烧器
1—煤气；2—空气；3—冷凝水

煤气道与空气道为一套筒结构，进入燃烧室后相混合并燃烧。这种燃烧器的优点是结构简单，阻损小，调节范围大，不易发生回火现象，因此，过去国内热风炉广泛采用这种燃烧器。

金属燃烧器的缺点是：

（1）由于空气与煤气平行喷出，流股没有交角，故混合不好，燃烧时需较大体积的燃烧室才能完成充分燃烧；

（2）由于混合不均，需较大的空气过剩系数来保证完全燃烧，因此降低了燃烧温度，增大了废气量，热损失大；

（3）由于燃烧器方向与热风炉中心线垂直，造成气流直接冲击燃烧室隔墙，折回后又产生"之"字型运动。前者给隔墙造成较大温差，加速隔墙的破损，甚至"短路"，后者"之"字运动与隔墙的碰点，可造成隔墙内层掉砖，还会造成燃烧室内气流分布不均；

（4）燃烧能力小。

由上述分析，金属燃烧器已不适应热风炉强化和大型化的要求，正在迅速被陶瓷燃烧器所取代。

B　陶瓷燃烧器

陶瓷燃烧器是用耐火材料砌成的，安装在热风炉燃烧室内部。一般是采用磷酸盐耐火混凝土或矾土水泥耐火混凝土预制而成，也有采用耐火砖砌筑成的，图 6-15 为几种常用的陶瓷燃烧器。

（1）套筒式陶瓷燃烧器。套筒式陶瓷燃烧器是目前国内热风炉用得最普遍的一种燃烧器。这种燃烧器由两个套筒和空气分配帽组成，如图 6-15a 所示。燃烧时，空气从一侧进入到外面的环形套筒内，从顶部的环状圈空气分配帽上的狭窄喷口中喷射出来。煤气从另一侧进入到中心管道内，并从其顶部出口喷出，由于空气喷出口中心线与煤气管中心线成一定交角（一般为 50° 左右），所以空气与煤气在进入燃烧室时能充分混合，完全燃烧。有的还在空气道与煤气道之间的管壁上部开设与煤气道轴向正交的矩形一次空气进入口，形成空气与煤气两次混合，这就进一步提高了空气与煤气的混合及燃烧效果。

套筒式陶瓷燃烧器的主要优点是结构简单，构件较少，加工制造方便。但燃烧能力较小，一般适合于中、小型高炉的热风炉。

（2）栅格式陶瓷燃烧器。这种燃烧器的空气通道与煤气通道呈间隔布置，如图 6-15b 所示。燃烧时，煤气和空气都从被分隔成若干个狭窄通道中喷出，在燃烧器上部的栅格处得

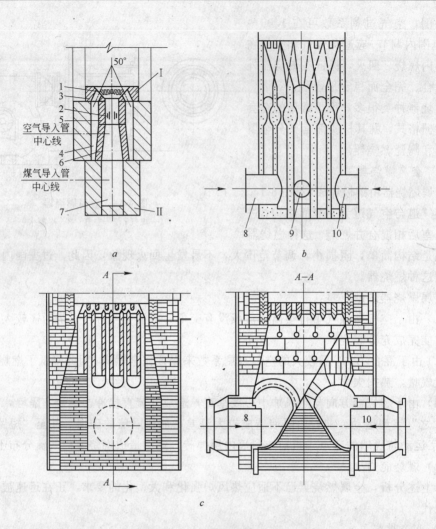

图 6-15　几种常用的陶瓷燃烧器

a—套筒式陶瓷燃烧器；b—三孔式陶瓷燃烧器；c—栅格式陶瓷燃烧器

Ⅰ—磷酸混凝土；Ⅱ—黏土砖

1—二次空气引入孔；2—一次空气引入孔；3—空气帽；4—空气环道；5—煤气直管；
6—煤气收缩管；7—煤气通道；8—助燃空气入口；9—焦炉煤气入口；10—高炉煤气入口

到混合后进行燃烧。这种燃烧器与套筒式燃烧器比较，其优点是空气与煤气混合更均匀，燃烧火焰短，燃烧能力大，耐火砖脱落现象少。但其结构复杂，构件形式种类多，并要求加工质量高。大型高炉的外燃式热风炉，多采用栅格式陶瓷燃烧器。

(3) 三孔式陶瓷燃烧器。图 6-15c 为三孔式陶瓷燃烧器示意图，这种燃烧器的结构特点是有三个通道，即中心部分为焦炉煤气通道，外侧圆环为高炉煤气通道，二者之间的圆环形空间为助燃空气通道。在燃烧器的上部设有气流分配板，各种气流从各自的分配板孔中喷射出来，被分割成小的流股，使气体充分的混合，同时进行燃烧。

三孔式陶瓷燃烧器的优点是不仅使气流混合均匀，燃烧充分，燃烧火焰短，而且是采取了低发热值的高炉煤气将高发热值的焦炉煤气包围在中间燃烧的形式，避免了高温气流烧坏隔墙,特别是避免了热风出口处的砖被烧坏的弊病。另外,采取高炉煤气和焦炉煤气在燃烧器内混合,要比它们在管道中混合,效果好得多。燃烧时,由于焦炉煤气是从燃烧器的中心部位喷出的,所以燃烧气流的中心温度比边缘温度高,约200℃左右。这种燃烧器的主要缺点是结构复杂,使用砖型种类多,施工复杂,目前只有部分大型高炉的外燃式热风炉采用这种燃烧器。

陶瓷燃烧器所用耐火材料要求上部空气帽耐急冷急热性能好,一般选用磷酸盐耐火混凝土经高温烧成处理。其余部分尤其是下部要求体积稳定,避免工作中隔墙断裂漏气,一般可用高铝砖、黏土砖或耐火混凝土预制块。

设计陶瓷燃烧器应力求使气流分布均匀,空气与煤气很好地混合并燃烧,结构简单,砌筑方便,寿命长等。选取合理参数是十分重要的,陶瓷燃烧器设计中改善气流混合的措施有:利用气体分布帽将空气(煤气)流股分割成许多细小流股;将空气与煤气流股以一定角度相交,该角一般为25°~30°。增加空气与煤气的速度差,速度大的空气将速度小的煤气吸入,可改善混合效果,从混合角度看,速度差大些好,但过大会增加气流阻力损失,一般空气出口速度为30~40m/s,煤气出口速度为15~20m/s。改善气流分布的措施有:改善气体通道形状;空气通道可利用空气帽(阻流板)改善分布情况,而煤气由于压力低,一般用通道收口的办法,其收缩角在8°~10°,缩口比(通道收缩后面积与原面积之比)约为0.6;保证通道一定高度,有利于气流分布,一般表示通道的高矮程度用通道的高径比来表示。高径比5.0左右比较理想,但由于受热风出口的限制,所以大高炉只能达到3.5~4.2,小高炉可达到5.0。

由上述分析可以看出,陶瓷燃烧器有如下优点:

1)助燃空气与煤气流有一定交角,并将空气或煤气分割许多细小流股,因此混合好,能完全燃烧;

2)气体混合均匀,空气过剩系数小,可提高燃烧温度;

3)燃烧气体向上喷出,消除了"之"字形运动,不再冲刷隔墙,延长了隔墙的寿命,同时改善了气流分布。

4)燃烧能力大,为进一步强化热风炉和热风炉大型化提供了条件。

6.2.2 热风炉阀门

热风炉是高温、高压的装置,其燃料易燃、易爆并且有毒,因此设备必须工作可靠,能够承受高温及高压的作用,所有阀门必须具有良好的密封性;设备结构应尽量简单,便于检修,方便操作;阀门的启闭传动装置均应设有手动操作机构,启闭速度应能满足工艺操作的要求。

根据热风炉周期性工作的特点,可将热风炉设备分为控制燃烧系统的阀门及装置,以及控制鼓风系统的阀门两类。

控制燃烧系统的阀门及其装置的作用是把助燃空气及煤气送入热风炉燃烧,并把废气排出热风炉。它们还起着调节煤气和助燃空气的流量,以及调节燃烧温度的作用。当热风炉送风时,燃烧系统的阀门又把煤气管道、助燃空气风机及烟道与热风炉隔开,以保证设备的安全。

鼓风系统的阀门将冷风送入热风炉,并把热风送到高炉。其中一些阀门还起着调节热风温度的作用。

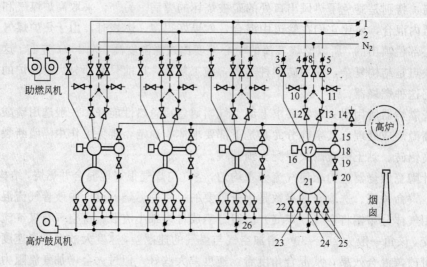

图 6-16　外燃式热风炉系统示意图

1—焦炉煤气压力调节阀；2—高炉煤气压力调节阀；3—空气流量调节阀；4—焦炉煤气
流量调节阀；5—高炉煤气流量调节阀；6—空气燃烧阀；7—焦炉煤气阀；8—吹扫阀；
9—高炉煤气阀；10—焦炉煤气放散阀；11—高炉煤气放散阀；12—焦炉煤气燃烧阀；
13—高炉煤气燃烧阀；14—热风放散阀；15—热风阀；16—点火装置；17—燃烧室；
18—混合室；19—混风阀；20—混风流量调节阀；21—蓄热室；22—充风阀；
23—废风阀；24—冷风阀；25—烟道阀；26—冷风流量调节阀

　　热风炉设备配置情况如图 6-16 所示。

　　热风炉燃烧系统的阀门有：空气燃烧阀、高炉煤气燃烧阀、高炉煤气阀、高炉煤气放散阀、焦炉煤气燃烧阀、焦炉煤气阀、吹扫阀、焦炉煤气放散阀、助燃空气流量调节阀、高炉煤气流量调节阀、焦炉煤气流量调节阀及烟道阀等。除高炉煤气放散阀、焦炉煤气放散阀及次扫阀以外，其余阀门在燃烧期均处于开启状态，在送风期又均处于关闭状态。

　　热风炉送风系统的阀门有：热风阀、冷风阀、混风阀、混风流量调节阀、充风阀、废风阀及冷风流量调节阀等。除充风阀和废风阀外，其余阀门在送风期均处于开启状态，在燃烧期均处于关闭状态。

　　热风阀直径的选择十分重要，在允许条件下用大直径的热风阀，对延长热风阀寿命有好处。热风在热风阀处的实际流速不应高于 75m/s。其它阀门的截面积与热风阀的面积之比有如下关系：

阀门名称	阀门的截面积与热风阀截面积之比
热风阀	1.0
冷风阀	0.8~1.0
放风阀	1.0~1.2
煤气切断阀	0.7~1.0
空气燃烧阀	0.7~1.0
燃烧阀	0.7~1.0
烟道阀	2.0~2.8

混风阀	0.3～0.4
废风阀	0.05～0.12
充风阀	0.05～0.12

各调节阀、切断阀直径应与管道直径相适应。

6.2.2.1　热风阀

热风阀安装在热风出口和热风主管之间的热风短管上。在燃烧期关闭，隔断热风炉和热风管道之间的联系。

热风阀在 900～1300℃ 和 0.5MPa 左右压力的条件下工作，是阀门系统中工作条件最恶劣的设备。一般采用铸钢和锻钢、钢板焊接结构。热风阀的阀板、阀座和阀外壳都通水冷却，在连接法兰的根部设置有水冷圈。为了防止阀体与阀板的金属表面被侵蚀，在非工作表面喷涂不定形耐火材料，这样也降低热损失。

图 6-17 是用于 4000m³ 高炉的全焊接式热风阀，直径为 1800mm，最高风温 1300℃，最大压力 0.5MPa。它的特点是：

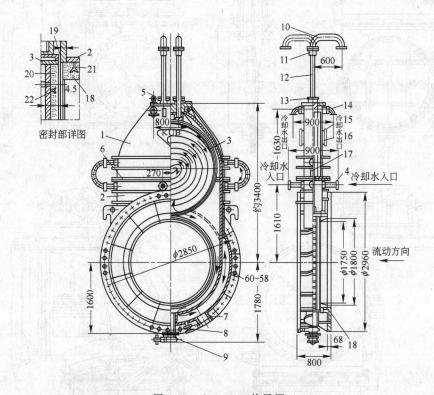

图 6-17　ϕ1800mm 热风阀

1—上盖；2—阀箱；3—阀板；4—短管；5—吊环螺钉；6—密封垫片；7—防蚀镀锌片；
8—排水阀；9—测水阀；10—弯管；11—连接管；12—阀杆；13—金属密封填料；
14—弯头；15—标牌；16—防蚀镀锌片；17—连接软管；18—阀箱用不定形耐火料；
19—密封用堆焊合金；20—阀体用不定形耐火料；21—阀箱用挂桩；22—阀体用挂桩

(1) 冷却强度大，冷却水流速 1.5～2.0m/s；

(2) 采用薄壁结构，导热性好，寿命长；

（3）阀板、阀座非接触表面喷涂耐火材料；

（4）采用纯水冷却，阀的通水管路内不会结垢。

6.2.2.2　切断阀

切断阀用来切断煤气、助燃空气、冷风及烟气。切断阀结构有多种，如闸板阀、曲柄盘式阀、盘式烟道阀等，如图 6-18 所示。

（1）闸板阀见图 6-18a。闸板阀起快速切断管道的作用，要求闸板与阀座贴合严密，不泄漏气体，关闭时一侧接触受压，装置有方向性，可在不超过 250℃ 温度下工作。

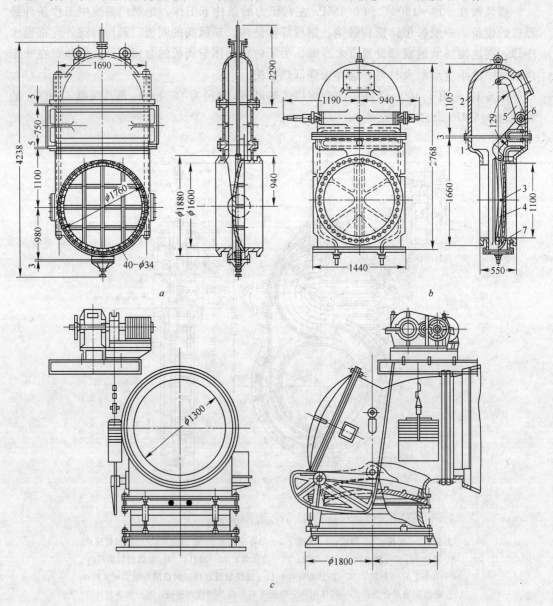

图 6-18　切断阀

a—闸板阀；b—曲柄盘式阀；c—盘式烟道阀

1—阀体；2—阀盖；3—阀盘；4—杠杆；5—曲柄；6—轴；7—阀座

（2）曲柄盘式阀。曲柄盘式阀亦称大头阀，也起快速切断管路作用，其结构见图6-18b。该种阀门常作为冷风阀、混风阀、煤气切断阀、烟道阀等。它的特点是结构比较笨重，用做燃烧阀时因一侧受热，可能发生变形而降低密封性。

（3）盘式烟道阀。盘式烟道阀装在热风炉与烟道之间，曾普遍用于内燃式热风炉。为了使格子砖内烟气分布均匀，每座热风炉装有两个烟道阀。其结构见图6-18c。

6.2.2.3 调节阀

一般采用蝶形阀作为调节阀。它用来调节煤气流量、助燃空气流量、冷风流量以及混风的冷风流量等。

煤气流量调节阀用来调节进入燃烧器的煤气量。

热风炉采用集中供应助燃空气方式时，需要使用助燃空气流量调节阀调节并联热风炉的风量，以保证入炉热风温度稳定。

混风调节阀用来调节混风的冷风流量，使热风温度稳定。

调节阀只起流量调节作用，不起切断作用。蝶形调节阀结构见图6-19。

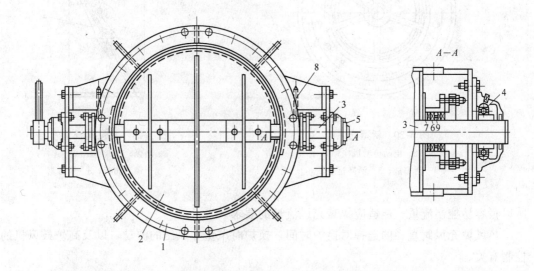

图6-19 蝶形调节阀
1—阀体；2—阀板；3—转动轴；4—滚动轴承；5—轴承座及盖；
6—填料；7—集环；8—给油管；9—油环

6.2.2.4 充风阀和废风阀

热风炉从燃烧期转换到送风期，当冷风阀上没有设置均压小阀时，在冷风阀打开之前必须使用充风阀提高热风炉内的压力。反之，热风炉从送风期转换到燃烧期时，在烟道阀打开之前需打开废风阀，将热风炉内相当于鼓风压力的压缩空气由废风阀排放掉，以降低炉内压力。

有的热风炉采用闸板阀作充风阀及废风阀，有的采用角形盘式阀作废风阀。

图6-20所示为国外采用具有调节功能的充风阀。鼓风由左端进入充风阀，当活塞向右移动时，鼓风由活塞缸上的开孔进入热风炉内。其作用犹如放风阀的活塞阀。

这种阀门两侧的压力是平衡的，只需要很小的动力就可以启闭。充风阀具有线性特征，

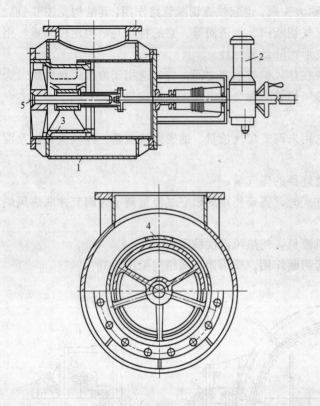

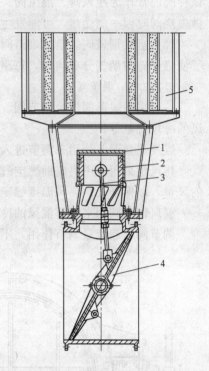

图 6-20　新型充风阀
1—阀体；2—电动传动机构；3—活塞；
4—活塞缸；5—活塞定位轴

图 6-21　放风阀及消音器
1—阀壳；2—活塞；3—连杆；
4—蝶形阀板；5—消音器

所以很容易控制流量，能适应提高充风流量的要求。

热风炉充风阀直径的选择对换炉时间，换炉时风量和风压的波动，以及高炉鼓风机的控制有关。

6.2.2.5　放风阀和消音器

放风阀安装在鼓风机与热风炉组之间的冷风管道上，在鼓风机不停止工作的情况下，用放风阀把一部分或全部鼓风排放到大气中的方法来调节入炉风量。

放风阀是由蝶形阀和活塞阀用机械连接形式组合的阀门（图 6-21）。送入高炉的风量由蝶形阀调节，当通向高炉的通道被蝶形阀隔断时，连杆连接的活塞将阀壳上通往大气的放气孔打开（图中位置），鼓风从放气孔中逸出。放气孔是倾斜的，活塞环受到均匀磨损。

放风时高能量的鼓风激发强烈的噪音，影响劳动环境，危害甚大，放风阀上必须设置消音器。

6.2.2.6　冷风阀

冷风阀是设在冷风支管上的切断阀。当热风炉送风时，打开冷风阀可把高炉鼓风机鼓出的冷风送入热风炉。当热风炉燃烧时，关闭冷风阀，切断了冷风管。因此，当冷风阀关闭时，在闸板一侧上会受到很高的风压，使闸板压紧阀座，闸板打开困难，故需设置有均压小门或旁通阀。在打开主闸板前，先打开均压小门或旁通阀来均衡主闸板两侧的压力。冷风阀结构见图 6-22。

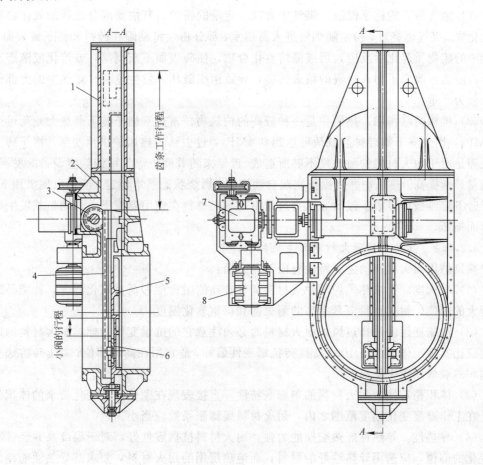

图 6-22 冷风阀

1—阀盖；2—阀壳；3—小齿轮；4—齿条；5—主闸板；

6—小通风闸板；7—差动减速器；8—电动机

6.2.3 热风炉用耐火材料及特性

热风炉耐火材料砌体在高温、高压下工作，而且温度和压力又在周期性变化，条件比较恶劣。因此，结合其工作条件，选择合理的耐火材料，正确设计其结构形式，保证砌筑质量等是达到高风温长寿命的关键所在。

6.2.3.1 热风炉砌体破损机理

热风炉内砌体破损最严重的地方，一般是温度最高、温差较大及结构较复杂等部位。内燃式热风炉的拱顶和隔墙易破损，外燃式热风炉的燃烧室和蓄热室的拱顶以及连接通道容易破损。热风炉炉衬破损机理如下：

（1）热震破损。热风炉是个换热器，不仅有高温作用，而且有周期性的升温和降温变化。燃烧期拱顶温度可达到 1300～1500℃，燃烧室温度也很高，烟道废气温度 300℃ 左右；送风期热风温度一般为 1200℃ 左右，冷风温度约 80℃；因此，热风炉炉衬和格子砖经常在加热和冷却之间变化，承受着热应力的作用，到一定时间砌体便产生裂纹或剥落，严重时砌体倒塌。

（2）烟气粉尘的化学侵蚀。煤气中含有一定量的粉尘，其主要成分是铁的氧化物和碱性氧化物。煤气燃烧后，粉尘随烟气进入蓄热室，部分粉尘将粘附在砖衬和格子砖表面，并与砖中的矿物质起化学反应，形成低熔点化合物，使砖表面不断剥落，或熔化成液态不断向砖内渗透，改变了耐火材料的耐火性能，导致组织破坏，发生龟裂。蓄热室的上部化学侵蚀较为严重。

（3）机械荷载作用。热风炉是一种较高的构筑物。蓄热室格子砖下部最大载荷可达到0.8MPa，燃烧室下部砖衬静载荷可达到0.4MPa，过去认为热风炉拱顶变形、格子砖下陷等故障是由于耐火材料的耐火度不够所造成。近年来随着高炉煤气精细除尘设备的发展，煤气质量日渐提高，热风炉燃烧操作实现自动控制，燃烧状态基本稳定，但仍出现拱顶下沉、格子砖下陷等破坏事故。经研究认为这是由于耐火材料在使用温度下，长期负载发生蠕变变形而损坏。

6.2.3.2 热风炉用耐火材料的主要特性

热风炉用耐火材料的主要特性有以下几方面：

（1）耐火度。要求热风炉用耐火材料具有较高的耐火度和荷重软化温度，特别是高温载荷大的部位，耐火材料应具有高的耐火度和荷重软化温度；

（2）抗蠕变性。选择热风炉耐火材料时必须注意它的抗蠕变性指标，耐火材料的蠕变温度应比实际工作温度高100℃。硅砖抗蠕变性最好，适宜用在高温部位；黏土砖抗蠕变性最差，一般只用于中低温部位。

（3）体积稳定性。耐火材料的热膨胀特性，直接表现在砌体温度变化带来的体积的变化，在工作温度变化幅度范围之内，耐火材料线膨胀系数应当小。

（4）导热性。导热性好热交换能力强，耐火材料抗热震性好，对于温度高并经常有较大变化的部位，应选用导热性好的材料；而绝热层用的耐火材料，要求其导热性能差。

（5）热容量。热容量大的耐火材料蓄热能力强，格子砖应该用热容量大的耐火材料。

（6）耐压强度。热风炉蓄热室下部承受很大压力，应选择耐压强度高的耐火材料，例如大高炉热风炉蓄热室最下部往往用几层高铝砖。

表6-5列出了热风炉常用耐火材料的基本性质和使用部位。

表 6-5 热风炉常用耐火材料性能及使用部位

材 质	使用部位	化学成分/%			耐火度/℃	抗蠕变温度 /℃(1.96×10^5Pa,50h)	显气孔率 /%	体积密度 /g·cm^{-3}	重烧线收缩率/%	耐压强度 /MPa
		SiO$_2$	Al$_2$O$_3$	Fe$_2$O$_3$						
硅 砖	拱顶、燃烧室、蓄热室上部	95~97	0.4~0.6	1~2.2	1710~1750	1550	16~18	1.8~1.9	—	39.2~49.0
高铝砖	拱顶、燃烧室、蓄热室上部及中部	20~24	72~77	0.3~0.7	1820~1850	1550	17~20	2.5~2.7	1350℃时 0~−0.3	58.8~98.1
		26~30	62~70	0.8~1.5	1810~1850	1350~1450	16~22	2.4~2.6	0~−0.5	53.9~98.1
		35~43	50~60	1.0~1.8	1780~1810	1270~1320	18~24	2.1~2.4	0~−0.5	39.2~88.3

| 材 质 | 使用部位 | 化学成分/% | | | 耐火度/℃ | 抗蠕变温度/℃(1.96×10⁵Pa,50h) | 显气孔率/% | 体积密度/g·cm⁻³ | 重烧线收缩率/% | 耐压强度/MPa |
		SiO₂	Al₂O₃	Fe₂O₃						
黏土砖	蓄热室中部及下部	约52	约42	约1.8	1750~1800	1250	16~20	2.1~2.2	1400℃时 0~0.5	29.4~49.0
		约58	约37	约1.8	1700~1750	1150	18~24	2.0~2.1	1350℃时 0~0.5	24.5~44.1
半硅砖	蓄热室、燃烧室	约75	约22	约1.0	1650~1700		25~27	1.9~2.0	1450℃时 0~+1.0	19.6~39.2

6.2.3.3 热风炉用耐火材料

A 硅砖

硅砖主要成分是 SiO_2，其含量在 95% 左右。由鳞石英、方石英和玻璃相组成。硅砖高温性能好，耐火度及荷重软化温度较高，蠕变温度高且蠕变率小，有利于热风炉稳定，不足的是它的体积密度小，蓄热能力差。硅砖在 600℃ 以下发生相变，体积有较大的膨胀，容易破坏砌体的稳定性，因此，硅砖的使用温度应大于 600℃。在热风炉内硅砖一般用于拱顶、燃烧室和蓄热室炉衬的上部以及上部格子砖。热风炉用硅砖的性能见表 6-6。

B 高铝砖

高铝砖质地坚硬、致密、密度大，抗压强度高，有很好的耐磨性和较好的导热性，在高温下体积稳定，蠕变性仅次于硅砖。普遍应用于高温区域，如拱顶、中上部格子砖、燃烧室隔墙等。一些国家热风炉用高铝砖性能见表 6-7。

C 黏土砖

黏土砖主要成分是 Al_2O_3 和 SiO_2。随着 Al_2O_3 和 SiO_2 含量的不同，性质也发生变化。黏土砖热稳定好，高温烧成的黏土砖残余收缩小。黏土砖耐火度和荷重软化温度低，蠕变温度低，蠕变率较大，但是黏土砖容易加工，价格低廉，广泛应用于热风炉中、低温度区域、中下层格子砖及砖衬。黏土砖用量约占热风炉用砖总量的 30%~50%。

D 隔热砖

热风炉用隔热砖有硅藻土砖、轻质硅砖、轻质黏土砖、轻质高铝砖以及陶瓷纤维砖等。隔热砖气孔率大，密度小，导热性低，机械强度低，但在使用中应可以支承自身质量。

E 不定形材料

热风炉用不定形材料有耐火、隔热及耐酸 3 种喷涂料。耐火喷涂料主要用于高温部位炉壳及热风管道内，以防止窜风烧坏钢壳。隔热喷涂料导热系数低，可以减少热损失。耐酸喷涂料用于拱顶、燃烧室及蓄热室上部钢壳，其作用是防止高温生成物中 NO_x 等酸性氧化物对炉壳的腐蚀。当采用双层喷涂料时，隔热喷涂料靠钢壳喷涂，然后再喷涂耐酸或耐火涂料。热风炉用喷涂料的性能见表 6-8。

目前国产 FN-130 喷涂料在理化性能和施工性能上均达到或超过日本的 CN-130G 喷涂料，且价格只有其 1/7。现已有 50 余座高炉应用。另外，国产 MS 耐酸质喷涂料也全面达到了日方 MIX-687 指标，价格不到其 1/3。其主要性能见表 6-9 和表 6-10。

表 6-6　热风炉用硅砖的性能

国家	中国	日本			德国					荷兰	捷克斯洛伐克		前苏联
牌号	鞍钢	黑崎	SIH	Hariman公司	S21	黑硅砖	硅砖	SW$_1$	SW$_2$	Meltham	A	B	ДИВ
耐火度/℃	1710	1710	1730	—	>1710	1680	—	—	—	1710	—	—	≥1690
假密度/g·cm⁻³	2.36	2.31	2.31~2.33	—	<2.35	<2.36	2.34~2.39	2.35	2.39	—	2.32	2.39	—
体积密度/g·cm⁻³	1.87	—	—	1.83	—	1.85	1.7~1.9	1.85	1.85	1.78	—	—	1.85
耐压强度/MPa	33.3	44.1	39.2~58.8	50.0	>29.4	>24.5	>29.4	—	—	29.3~28.0	—	—	30.0~27.5
显气孔率/%	21	22	19~23	20	<23	22	18~22	21	23	22.5	22.4	19.6	≤21/24
荷重软化点/℃	1670	1620	≥1630	1640~1660	—	1660	1650~1670	1670	1670	—	—	—	≥1620
线膨胀率/% (1000℃时)	1.27	1.25	1.15~1.25	1.3 (1200℃时)	—	1.4 (800℃时)	—	—	—	—	—	—	1.26
重烧线收缩率/% (1500℃, 2h)	0	0	+0.2~0	—	—	—	—	—	—	+0.2	0.35	1.30	—
蠕变率/% (荷重1.96×10⁵Pa)	—	—	(1550℃, 50h) 0~0.5	(1550℃, 50h) 0.1	(1550℃, 50h) 1.0	(1500℃, 50h) <0.2	—	(1350℃, 50h) 0.1	(1350℃, 50h) 0.1	—	—	—	—
化学成分/%　SiO$_2$	93.02	94.5	94~96	95.7	>94	>93	>94	93	>94	95.6	95.6	95.88	≤93
化学成分/%　Al$_2$O$_3$	0.45	1.10	0.6~0.8	1.10	—	<2.0	0.5~1.0	—	—	0.7	0.51	0.46	—
化学成分/%　Fe$_2$O$_3$	1.36	1.20	0.5~1.2	1.30	—	约2	0.3~1.5	—	—	0.7	0.86	0.74	>2.0

表 6-7 一些国家热风炉用高铝砖的性能

国家	中国				德国			
产地或牌号	鞍钢	山东	唐山	唐山格砖	燃烧室用	格砖用	合成莫来石砖	硅线石砖
耐火度/℃	1790	1770	1790					
假密度/g·cm⁻³	—	—	—		3.30	3.05	3.21	
体积密度/g·cm⁻³	—	—	—		2.65	2.50	2.50~2.70	2.45
显气孔率/%	12~15	19.2	16~22	17~20	17	18	14~19	19.7
耐压强度/MPa	58.8	111.1			58.8	57.9		
1.96×10⁵Pa 下荷重软化点/℃	1530~1610	1530	1520~1550	1550~1590	>1700	1640		
线膨胀率/%（在1500℃时）	—	—	—		0.85	(1350℃时)0.8		
重烧线收缩率/%（2h）	0.2	0.2	0.2~0.3	0.1~0.3	—	—	—	—
蠕变率/%（1.96×10⁵Pa，50h）					(1500℃时)0.15	(1400℃时)0.4		
化学成分/% Al₂O₃	73.5~75.0	71.3	73.2~75.2	59.4~72.5	75	63	72~76	67.1
SiO₂	—	—	—				23~24	30.2
Fe₂O₃	1.4~1.7	1.9		1.5~1.8	0.4	1.0	0.2~0.7	0.4

表 6-8 热风炉用喷涂料的性能

牌号	CN130	CL130	耐酸不定形耐火材料
性能	耐火	隔热	耐酸
假密度/g·cm⁻³	≥1.7	≤1.4	—
热导率/W·(m²·℃)⁻¹	—	350℃时≤0.30	—
安全使用温度/℃	1300	1300	1300
1300℃时加热3h后的线变化率/%	±0.1	±0.1	±0.1
耐火度 SK	≥20		≥20
℃	≥1530		≥1530
抗弯强度/MPa 110℃干燥后	≥3.9	≥1.96	≥1.47
1300℃热状态	≥0.29	≥0.29	酸处理后>0.98
化学成分/% Al₂O₃	≥35	—	≥35

表 6-9 日本 CN-130G 与国产 FN-130 不定形喷涂料理化性能指标比较

序号	项目	CN-130G	FN-130
1	耐火度/℃	<1540	1610~1670
2	常温耐压强度/MPa	>20.0	16.0~24.5
3	显气孔率/%	33	40~43

序 号	项 目	CN—130G	FN—130
4	烧后体积密度/g·cm⁻³	1300℃1.75	1300℃1.66~1.72
5	烧后线变化率/%	0.85	0.42~0.77
6	热导率/W·(m·K)⁻¹	0.65	0.62
7	热振稳定性/次	1100℃水冷 12	1100℃水冷 14~18
8	使用温度/℃	1300	1300
9	抗折强度/MPa	1100℃≥4 1300℃≥0.3	1100℃≥7.1 1300℃≥1.3~4.8
10	耐压强度/MPa	1100℃25 1300℃25.7	1100℃30.1 1300℃25~31

表 6-10 国产 MS—1 耐酸质喷涂料与日本产 MIX—687 性能对比

牌 号	线变化率/%		耐火度/℃	1300℃烧后容重/g·cm⁻³	抗折强度/MPa		化学成分/%		备 注
	110℃	1300℃烧后			110℃	酸处理后	Al_2O_3	CaO	
MIX—687	±0.4 −0.4~0	+1.0 −0.4	≥1530 >1530		≥1.47 1.47~1.96	≥0.98	≥35 40~50	≤0.5 ≤0.5	日方指标 日方自检
MS—1	−0.25	−0.71~ −0.93	1730~ 1770	2.25~ 2.4	6.86~ 10.78	6.17~ 7.06	60~65	0.19~0.31	武汉冶建 所检验

我国内燃式热风炉炉衬和格子砖普遍采用高铝砖和黏土砖砌筑；外燃式热风炉，高温部位一般用硅砖砌筑，中低温部位则依次用高铝砖和黏土砖砌筑。

美国热风炉高温部位一般采用硅砖砌筑，蓄热室上部温度高于 1420℃ 的部位采用抗碱性强、导热性好和蓄热量大的方镁石格子砖。日本热风炉用砖处理得比较细致，不同部位选用不同的耐火砖，同时还考虑到耐火材料的高温蠕变性能。热风炉寿命可达到 15~20 年。日本高炉热风炉用耐火砖的性能及使用部位见表 6-11。

表 6-11 日本高炉热风炉用耐火砖的性能及使用部位

砖 种	牌 号	Al_2O_3/%	体积密度/g·cm⁻³	显气孔率/%	耐压强度/MPa	荷重软化温度(T_1)/℃	高温蠕变率[1]/%	使 用 部 位
硅 砖	S_{21}	94~95 (SiO₂) >96 (SiO₂)	2.31~2.33 (视密度) 2.31~2.33 (视密度)	19~22 19~21	40.0~60.0 45.0	1610~1620 1620	0~0.5 (1550℃) >0.1 (1550℃)	拱顶，上部大墙和格子砖
	(高纯)							
高铝砖	CRN—155	76~79	2.65~2.70	16~19	65.0~90.0	≥1700	0.4~0.7	燃烧室隔墙
	CRN—150	81~84	2.75~2.80	17~20	60.0~80.0	1630~1660	0.4~0.7	燃烧室隔墙
	CRN—145	68~71	2.50~2.55	14.5~17.5	70.0~90.0	1560~1600	0.3~0.6	拱顶，上部大墙和格子砖
	CRN—140	66~69	2.45~2.50	17~20	60.0~80.0	1530~1570	0.3~0.6	拱顶，上部大墙和格子砖
	CRN—135	66~69	2.40~2.45	19~22	45.0~70.0	1480~1520	0.3~0.6	中部大墙和格子砖

砖 种	牌 号	Al$_2$O$_3$/%	体积密度/ g・cm^{-3}	显气孔率/ %	耐压强度/ MPa	荷重软化温度(T_1)/℃	高温蠕变率[1]/%	使用部位
高铝砖	CRN−130	≥60	2.35~2.40	18~21	50.0~70.0	1450~1500 (T_2)	0.3~0.6	中部大墙和格子砖
	CRN−127	52~55	2.25~2.30	19~22	45.0~70.0	1400~1450	0.4~0.7	中部大墙和格子砖
黏土砖	SF−125	—	2.20~2.25	14~21	45.0~65.0	1460~1480	0.3~0.7	中部大墙和格子砖
	SF−120	—	2.1~2.2	19~21	40.0~60.0	1400~1450	0.3~0.6	中部大墙和格子砖
	SF−115	—	2.10~2.15	20~22	35.0~55.0	1370~1400	0.3~0.6	下部大墙和格子砖
	U−7	42~43	2.35~2.40	12~15	60.0~80.0	1550~1600	—	烧嘴
硅线石砖	HIMF	75~78	2.55~2.60	23~25	45.0~65.0	≥1700	—	烧嘴

①在 0.2MPa 荷重和保温 50h 的条件下加热,加热温度为牌号中的数字乘以 10℃,即 CRN−155,其温度为 1550℃。

热风炉选用耐火材料主要依据炉内温度分布,通常下部采用黏土砖,中部采用高铝砖,上部高温区为耐高温、抗蠕变的材质如硅砖、低蠕变高铝砖等。我国几座典型热风炉选用的耐火材料见表 6-12。

表 6-12 我国几座典型热风炉选用的耐火材料

高 炉	宝钢 2 号	宝钢 3 号	重钢 5 号	攀钢 4 号	武钢新 3 号	首钢 2 号	首钢 4 号
拱 顶	蠕变率 <0.8% 硅 砖	蠕变率 <0.8% 硅 砖	高铝砖	蠕变率 <0.5% 高铝砖	高密度硅砖	低蠕变高铝砖 (莫来石-硅线石砖)	莫来石-硅线石砖
蓄热室大墙上部	硅 砖	硅 砖	高铝砖	高铝砖	高密度硅砖	低蠕变高铝砖	莫来石-硅线石砖
蓄热室大墙中部	高铝砖	高铝砖	高铝砖	高铝砖	低蠕变硅线石砖	高铝砖	高铝砖
蓄热室大墙下部	黏土砖	黏土砖	黏土砖	黏土砖	黏土砖	黏土砖	黏土砖
格子砖上部	硅 砖	硅 砖	高铝砖	1550℃ 蠕变率 <1.5%	高密度硅砖	低蠕变高铝砖	低蠕变高铝砖
格子砖中部	高铝砖	高铝砖	高铝砖	高铝砖	低蠕变硅线石砖	高铝砖	高铝砖
格子砖下部	黏土砖	黏土砖	黏土砖	黏土砖	黏土砖	黏土砖	黏土砖
燃烧室隔墙中、上部	硅 砖	硅 砖	高铝砖	高铝砖	莫来石砖		
燃烧室隔墙下部	高铝砖	高铝砖	高铝砖	高铝砖	黏土砖		
陶瓷燃烧器材质	上部:青石砖 下部:黏土砖	上部:青石砖 下部:黏土砖	磷酸盐耐热混凝土	磷酸盐耐热混凝土		4 个短焰燃烧器	3 个短焰燃烧器
设计风温/℃	1200~1250	1200~1250	1200	1200	1200	1100~1150	1050~1100

6.2.4 改进型内燃式热风炉

20 世纪 60 年代以前各国高炉热风炉普遍采用传统型内燃式热风炉,采用金属套筒燃烧器，由于燃烧器中心线与燃烧室纵向轴线垂直，即与隔墙垂直，煤气在燃烧室的底部燃烧，高温烟气流对隔墙产生强烈冲击，使隔墙产生振动，引起隔墙机械破损；同时，隔墙下部的燃烧室侧为最高温度区，蓄热室侧为最低温度区，两侧温度差很大，产生很大的热应力，再加上荷重等多种因素的影响。隔墙下部很容易发生开裂，进而形成隔墙两侧短路，严重时甚至会发生隔墙倒塌等事故。这种热风炉风温较低，当风温达到 1000℃ 以上时，会引起拱顶裂缝掉砖，寿命缩短。

为了提高风温，延长寿命，1972 年，荷兰霍戈文艾莫伊登厂在新建的 7 号高炉（3667m³）上对内燃式热风炉做了较彻底的改进，年平均风温达 1245℃，热风炉寿命超过两

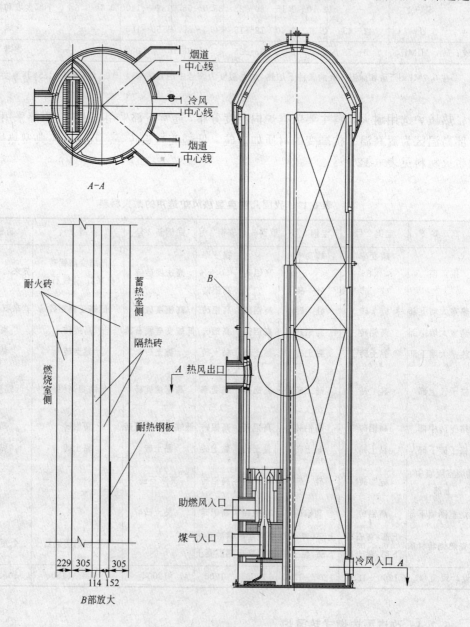

图 6-23　改进型内燃式热风炉

代高炉炉龄，成为内燃式热风炉改造最成功的代表。改进后的内燃式热风炉，在国外称霍戈文内燃式热风炉，我国称改进型内燃式热风炉。其主要特征为：（1）悬链线拱顶且拱顶与大墙脱开；（2）自立式滑动隔墙；（3）眼睛形火井和与之相配的矩形陶瓷燃烧器；（4）燃烧室下部隔墙增设绝热砖和耐热不锈钢板。由于霍戈文内燃式热风炉与同级别外燃式热风炉相比，具有体积小占地面积少、材料用量少，投资省（30%～35%）等优点；更由于其卓越的生产效果，因此有些企业认为，经过全面改进的新型内燃式热风炉与其它型式的热风炉一样，可以满足高风温长寿命的要求。改进型热风炉见图 6-23。

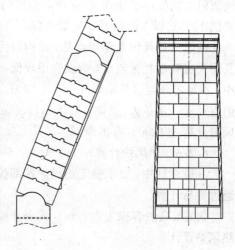

图 6-24　关节砖示意图

6.2.4.1　悬链线拱顶

悬链线拱顶由于拱顶砌体受力合理，从理论上保证了拱顶结构的稳定，此外，悬链线拱顶内衬由钢结构支撑，拱顶与大墙分开，两者互不影响，消除了大墙膨胀对拱顶的影响。经实践证明，风量相同时，采用悬链线拱顶结构的热风炉，其蓄热室断面上气流分布最均匀。因此悬链线型拱顶是目前普遍采用的热风炉拱顶形式，也是霍戈文热风炉的突出特点。为便于砖型设计、方便施工，一般都用多圆拟合悬链线。HTS 的设计中采用两圆拟合悬链线，在保证拱顶稳定的前提下，又适当降低了拱顶高度，从而降低了热风炉全高。在唐钢 $2560m^3$ 高炉的热风炉的拱顶设计中还采用了 HTS 的专有技术——关节砖，使拱脚砖与关节砖、关节砖拱顶上部砖之间能相对转动，从而有效地吸收热膨胀。拱顶由一层更厚、更长、更稳定的致密砖代替了传统的两层致密砖，简化了设计和施工，也使拱顶的结构更稳定。此外在拱顶内衬中合理地设置了膨胀缝和滑动缝，使砌体能更好地适应冷热交替的工作环境，见图 6-24。

6.2.4.2　特殊的隔墙结构

内燃式热风炉燃烧室与蓄热室之间的隔墙是内燃式热风炉的薄弱环节，其高度很高并且隔墙两侧的温度梯度很大，容易造成隔墙破坏，甚至发生短路。为提高隔墙的寿命，霍戈文式式热风炉在以下几方面做了改进：（1）合理设置膨胀缝，吸收砌体膨胀；（2）隔墙两层致密砖间加入隔热层，以降低隔墙两侧的温度梯度；（3）隔墙各层砌体间、隔墙与热风炉大墙间设置滑动缝，以消除各部位膨胀不均造成的应力破坏；（4）隔墙靠近蓄热室侧在一定高度上增加一层不锈钢板，加强燃烧室与蓄热室之间的密封，防止隔墙烧穿和短路。隔墙结构如图 6-23B 部放大。

6.2.4.3　眼睛形燃烧室

眼睛形燃烧室的隔墙断面小，增加了蓄热室的有效蓄热面积。同时进入蓄热室的烟气流分布均匀。燃烧室隔墙与大墙不咬砌，从而避免了眼角部位开裂的发生。

6.2.4.4　矩形陶瓷燃烧器

这是一种与眼睛形燃烧室相配的燃烧器，它能充分利用眼睛形燃烧室断面的空间。矩形燃烧器气体混合效果好，燃烧稳定，燃烧空气过剩系数小，效率高，燃烧强度大，而且

气流阻力损失小于 980Pa，在两炉操作的情况下仍能
提供 1000℃ 以上的风温，见图 6-25。

内燃式热风炉主要特点是：结构较为简单，钢材
及耐火材料消耗量较少，建设费用较低，占地面积较
小。不足之处是蓄热室烟气分布不均匀，限制了热风
炉直径进一步扩大，燃烧室隔墙结构复杂，易损坏，送
风温度超过 1200℃ 有困难。

6.2.5　热风炉计算

一般设计中，要求确定热风炉各部位尺寸，可以
通过简易计算。

例题：高炉容积为 1260m³，配备 4 座热风炉，做
热风炉设计。

6.2.5.1　确定基本参数

(1) 取单位炉容蓄热面积为 90m²/m³；

(2) 定热风炉钢壳下部内径为 $\phi7960$mm，炉
壳及拱顶钢板厚度为 20mm，炉底钢板厚度为
36mm。

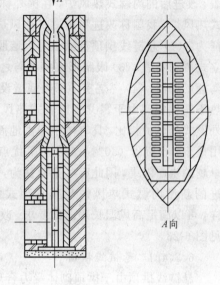

图 6-25　矩形陶瓷燃烧器示意图

6.2.5.2　确定炉墙结构及热风炉内径

下部：(1) 大墙厚：345mm

　　　　(2) 隔热砖（轻质黏土砖）：113mm

　　　　(3) 填料层（水渣石棉填料）：60mm

　　　　(4) 不定形喷涂料：40mm

共计：345＋113＋60＋40＝558mm

　　　　(5) 热风炉内径：$d_{内}=7960-558\times2=6.844$m

燃烧室隔墙结构：

上部：230 硅砖＋345 硅砖＋20 滑动缝

下部：230 高铝砖＋345 高铝砖＋20 滑动缝

6.2.5.3　选燃烧室面积（包括隔墙）

根据经验，选燃烧室面积占热风炉内截面积的 28%

(1) 热风炉内截面积：$S_{内}=\dfrac{\pi}{4}d_{内}^2=\dfrac{\pi}{4}\times6.844^2=36.788\text{m}^2$

(2) 燃烧室面积：$S_{燃}=S_{内}\times28\%=36.788\times28\%=10.301\text{m}^2$

6.2.5.4　蓄热室截面积

$$S_{蓄}=S_{内}-S_{燃}=36.788-10.301=26.487\text{m}^2$$

6.2.5.5　选格子砖

选七孔砖，格孔直径为 $\phi43$mm，查表知 1m³ 格子砖受热面积：$f_七=38.06\text{m}^2/\text{m}^3$

6.2.5.6　蓄热室蓄热面积

(1) 4 座热风炉总蓄热面积：$1260\times90=113400\text{m}^2$

(2) 1 座热风炉蓄热面积：$113400\div4=28350\text{m}^2$

6.2.5.7 1m高蓄热室蓄热面积
$$1 \times 26.487 \times 38.06 = 1008.095 \text{m}^2$$

6.2.5.8 蓄热室高度
$$h_{蓄} = \frac{1 座热风炉蓄热面积}{1 \text{m} 高蓄热室蓄热面积} = \frac{28350}{1008.095} = 28.122 \text{m}$$

6.2.5.9 拱顶高度
采用锥球形拱顶,见图6-26。

热风炉拱脚内径:$d_{拱脚} = 7960 - 2 \times 40$
$$= 7\ 880 \text{ mm}$$

据经验:

$H_{拱} = 0.60 d_{拱脚} = 0.60 \times 7.88 = 4.728\ m$

拱顶由球冠和圆锥台组成,具体尺寸如下:

据经验:球冠弦长 $L_1 = 0.45 d_{拱脚} = 0.45 \times$
$$7.88 = 3.546\ m$$

球冠圆心角为120°,圆锥斜边与水平面夹角
为60°。

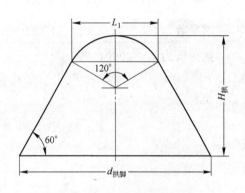

图6-26 锥球形拱顶

6.2.5.10 热风炉全高及高径比
支柱及炉算子高:2.0+0.5=2.5m

燃烧室比蓄热室高:0.4m

大墙比燃烧室高:1.2m

拱顶砖衬:400高铝砖+230轻质高铝砖+113硅藻土砖+40喷涂层=0.783m

则:

$H_{全} = 2.5 + 0.4 + 1.2 + 28.122 + 4.728 + 0.783 + 0.020 + 0.036 = 37.789\ m$

校核:$\dfrac{H_{全}}{d_{外}} = \dfrac{37.789}{7.96 + 2 \times 0.02} = 4.72$ 符合要求

6.2.6 悬链线拱顶计算
所谓热风炉悬链线拱顶,是指耐火砖砌体的内轮廓线(或外轮廓线)是一条悬链线。悬链线是指一根均匀的、柔软的、而又不能伸长的绳索,当两端固定,绳索在自身重力的作用下,处于平衡状态时自然形成的一条曲线。它
的数学表达式:

$$y = a \cdot ch\frac{x}{a} = \frac{a}{2}(e^{\frac{x}{a}} + e^{-\frac{x}{a}}) \quad (6\text{-}13)$$

式中,a 与 x 值相对应,a 值的变化决定着悬链线的开度,各点的曲率半径也随之变化。悬链线如图6-27所示。

例如,在设计1260m³高炉的热风炉时,选择热风炉拱高(h)与拱顶张开度($2R=7760$)一半的比值为9.84:8。

当 $x = R$ 时,$y = a \cdot ch\dfrac{R}{a} = a + h$

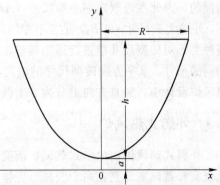

图6-27 悬链线示意图

即 $a \cdot ch \dfrac{R}{a} - a - h = 0$

解方程求出 a 值，则标准悬链线方程就定下来了。由于此方程为双曲函数，不易直接求解，故用牛顿迭代法求解方程式中 a 值，令

$$f(a) = a \cdot ch \dfrac{R}{a} - a - h$$

求导数 $$f'(a) = ch \dfrac{R}{a} - \dfrac{R}{a} sh \dfrac{R}{a} - 1$$

赋初值为 $a_0 = 2000$，则

$$a_1 = a_0 - \dfrac{f(a_0)}{f'(a_0)}$$

$$a_2 = a_1 - \dfrac{f(a_1)}{f'(a_1)}$$

$$\cdots\cdots$$

$$a_n = a_{n-1} - \dfrac{f(a_{n-1})}{f'(a_{n-1})}$$

直到 $|a_n - a_{n-1}| < 0.001$ 即可，经过计算机多次的迭代运算，得出 $a \approx 2087.258$。因此拱顶内轮廓线方程为

$$y = 2087.258 ch \dfrac{x}{2087.258}$$

选取拱顶砌砖厚度为 400mm，经过一定的数学推导，可以得到拱顶外轮廓线方程。

当拱顶的内、外轮廓线方程确定之后，便可以进行竖直方向砖型的计算。在 $y = 2087.258 ch \dfrac{x}{2087.258}$ 上取 $x = R = 3880$mm，作为起点 A（图 6-28）进行计算，并取 $AB = 100$mm，通过 A 及 B 点内轮廓线的法线，相交于 $y = f_1(x)$ 的 $A_1 B_1$ 点，通过 A、B、B_1、A_1 4 点坐标值计算出竖直方向上第一块砖的尺寸，同样按照上述方法，可以求出竖直方向上所有砖型的尺寸。

计算结果表明，由于悬链线各点的曲率半径是不相同的，因此在选取内端小头尺寸（AB）一定的情况下，外端大头尺寸（$A_1 B_1$）是各不相同的。为了减少砖

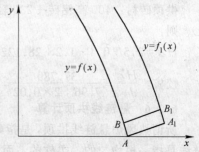

图 6-28 悬链线拱顶砖型计算示意图

型种类，对砖型尺寸应进行适当调整，把整个拱顶归纳为若干区段，在每一区段内，采用相同的尺寸。水平方向砖型尺寸的确定，与球形拱顶计算方法一样，用两种砖型进行配砌。热风炉设计中，竖直方向上分为 8 个区段，整个热风炉拱顶采用 16 种砖型即可满足要求。

6.3 外燃式热风炉

外燃式热风炉由内燃式热风炉演变而来，其工作原理与内燃式热风炉完全相同，只是燃烧室和蓄热室分别在两个圆柱形壳体内，两个室的顶部以一定方式连接起来。不同形式外燃式热风炉的主要差别在于拱顶形式，就两个室的顶部连接方式的不同可以分为 4 种基本结构形式，见图 6-29。

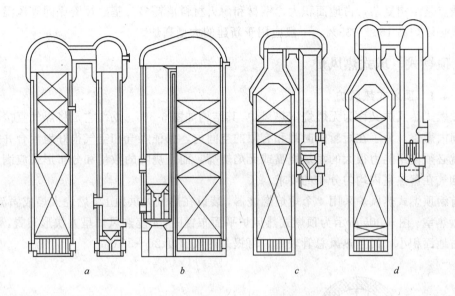

图 6-29 外燃式热风炉结构示意图

a—拷贝式；b—地得式；c—马琴式；d—新日铁式

地得式外燃热风炉拱顶由两个直径不等的球形拱构成，并用锥形结构相互连通。拷贝式外燃热风炉的拱顶由圆柱形通道连成一体。马琴式外燃热风炉蓄热室的上端有一段倒锥形，锥体上部接一段直筒部分，直径与燃烧室直径相同，两室用水平通道连接起来。

地得式外燃热风炉拱顶造价高，砌筑施工复杂，而且需用多种形式的耐火砖，所以新建的外燃热风炉多采用拷贝式和马琴式。

地得式、拷贝式和马琴式这 3 种外燃热风炉的比较情况如下：

(1) 从气流在蓄热室中均匀分布看，马琴式较好，地得式次之，拷贝式稍差；

(2) 从结构看，拷贝式炉顶结构不稳定，为克服不均匀膨胀，主要采用高架燃烧室，设有金属膨胀圈，吸收部分不均匀膨胀；马琴式基本消除了由于送风压力造成的炉顶不均匀膨胀。

新日铁式外燃热风炉是在拷贝式和马琴式外燃热风炉的基础上发展而成的，主要特点是：蓄热室上部有一个锥体段，使蓄热室拱顶直径缩小到和燃烧室直径相同，拱顶下部耐火砖承受的荷重减小，提高结构的稳定性；对称的拱顶结构有利于烟气在蓄热室中的均匀分布，提高传热效率。

外燃式热风炉的特点：

(1) 总的来说外燃式比内燃式结构合理，由于燃烧室单独存在于蓄热室之外，消除了隔墙，不存在隔墙受热不均而破坏的现象，有利于强化燃烧，提高热风温度；

(2) 燃烧室、蓄热室、拱顶等部位砖衬可以单独膨胀和收缩，结构稳定性较内燃式热风炉好，可以承受高温作用；

(3) 燃烧室断面为圆形，当量直径大，有利于煤气燃烧。由于拱顶的特殊连接形式，有利于烟气在蓄热室内均匀分布，尤其是马琴式和新日铁式更为突出；

(4) 送风温度较高，可长时间保持 1300℃风温。

缺点是结构复杂，占地面积大，钢材和耐火材料消耗多，基建投资比同等风温水平的内燃式热风炉高15％～35％，一般应用于新建的大型高炉。

6.4　顶燃式、球式热风炉

6.4.1　顶燃式热风炉

顶燃式热风炉又称为无燃烧室热风炉，其结构如图6-30a所示。它是将煤气直接引入拱顶空间内燃烧。为了在短暂的时间和有限的空间内，保证煤气和空气很好地混合并完全燃烧，就必须使用能力很大的短焰烧嘴或无焰烧嘴，而且烧嘴的数量和分布形式应满足燃烧后的烟气在蓄热室内均匀分布的要求。

首钢顶燃式热风炉采用4个短焰燃烧器，装设在热风炉拱顶上，燃烧火焰成涡流状态，进入蓄热室。图6-30b所示为顶燃式热风炉平面布置图，4座热风炉呈方块形布置，布置紧凑，占地面积小；而且热风总管较短，可提高热风温度20～30℃。

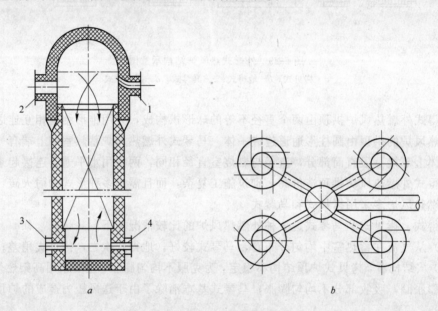

图 6-30　顶燃式热风炉
a—结构示意图；b—平面布置图
1—燃烧器；2—热风出口；3—烟气出口；4—冷风入口

大型顶燃式热风炉的使用，关键在于大功率高效短焰燃烧器的设计。由于燃烧器、热风出口等都设置在拱顶上，给操作和管道、阀门的布置带来一定困难，冷却水压也要高一些。其次，生产中烧嘴回火问题要特别注意，它不仅影响燃烧效果，还对燃烧器管壁有很大的破坏作用，为此一定要使煤气和空气的混合气体，从烧嘴喷出的速度大于火焰的传播速度。

顶燃式热风炉的耐火材料工作负荷均衡，上部温度高，重量载荷小；下部重量载荷大，温度较低。顶燃式热风炉结构对称，稳定性好。蓄热室内气流分布均匀，效率高，更加适应高炉大型化的要求。顶燃式热风炉还具有节省钢材和耐火材料，占地面积较小的优点。

顶燃式热风炉存在的问题是拱顶负荷较重，结构较为复杂，由于热风出口、煤气和助燃空气的入口、燃烧器集中于拱顶，给操作带来不便；并且高温区开孔多，也是薄弱环节。

6.4.2　球式热风炉

球式热风炉的结构与顶燃式热风炉相同，所不同的是蓄热室用自然堆积的耐火球代替格子砖。由于球式热风炉需要定期卸球，故目前仅用于小型高炉的热风炉。

由于每 $1m^3$ 球的加热面积高于每 $1m^3$ 格子砖的加热面积，并且耐火球重量大，因此蓄热量多。从传热角度分析，气流在球床中的通道不规则，多呈紊流状态，有较大的热交换能力，热效率较高，易于获得高风温。

球式热风炉要求耐火球质量好，煤气要干净，煤气压力要高，助燃风机的风压、风量要大，否则煤气含尘多时，会造成耐火球间隙堵塞，甚至耐火球表面渣化黏结，变形破损，大大增加了阻力损失，使热交换变差，风温降低。煤气压力和助燃空气压力大，才能充分发挥球式热风炉的优越性。

6.5　提高风温的途径

近代高炉冶炼，由于原燃料条件的改善和喷煤技术的发展，具备了接受高风温的可能性。目前大型高炉设计风温多在 $1200 \sim 1350 \,℃$。获得高风温的主要途径是改进热风炉的结构和操作。

6.5.1　增加蓄热面积

高炉每 $1m^3$ 有效容积所具有的热风炉蓄热面积，是获得高风温的重要条件。近代大型高炉多采用 4 座热风炉，蓄热面积由过去的 $50 \sim 60 m^2/m^3$ 增加到 $80 \sim 100 m^2/m^3$，甚至更高。前苏联 $5000m^3$ 高炉蓄热面积为 $104 m^2/m^3$，设计风温 $1440 \,℃$，为目前最高设计风温水平。

6.5.2　采用高效率格子砖

蓄热室格子砖的热工参数主要取决于煤气净化程度、蓄热室的允许压力损失以及预定的燃烧制度和送风制度。格子砖的主要参数包括：单位体积的蓄热面积、单位体积格子砖的质量、孔道直径、当量厚度和有效通道面积。缩小孔道直径，可以减小当量厚度，增大单位体积的蓄热面积。

6.5.3　提高煤气热值

随着高炉生产水平的提高，燃料比逐渐降低，高炉煤气的发热值也随之降低。这就存在一矛盾，高炉生产时要降低煤气中 CO 含量，以提高煤气的利用率，而热风炉则希望煤气中 CO 含量高些，提高煤气的发热值，为了解决这一矛盾，保证热风炉的风温水平，就要提高高发热值燃料的比例。简单易行的方法是在高炉煤气中混入焦炉煤气或天然气。另外，高炉煤气除尘系统采用干法除尘时，也可以提高高炉煤气的发热值。

6.5.4　预热助燃空气和煤气

拱顶温度是决定热风炉风温水平的重要参数之一。为了获得高的拱顶温度，一般采用预热助燃空气和煤气的方法。

采用焦炉煤气或天然气富化低热值高炉煤气简单易行，国内外许多高风温热风炉曾采用这种方法，但由于焦炉煤气和天然气价格昂贵，不是提高风温的良好途径。利用热风炉烟道废气预热助燃空气和煤气是经济而可行的，有利于能源的二次利用，目前国内许多钢铁企业已经采用这种方法，并且取得了良好的经济效益。

利用热风炉烟道废气预热助燃空气和煤气的形式有多种，如热管式换热器、热媒式换热器等，详见第 10 章。

6.5.5　控制空气过剩系数

在保证煤气完全燃烧的条件下，控制空气过剩系数于最小值，可以获得最高的理论燃烧温度，并且可以减少烟气生成量，进而减少烟气带走的热量。

6.5.6　热风炉工作

6.5.6.1　热风炉工作周期

热风炉一个工作周期包括燃烧、送风和换炉 3 个过程。在每一个工作周期内，热风炉内温度周期性的变化。

送风时间与热风温度的关系如图 6-31 所示，随着送风时间的延长，风温逐渐降低。送风时间由 2h 缩短到 1h 时，风温可提高 50~70℃。但缩短送风时间，燃烧时间也随之缩短了，因此在一定条件下应有一个合适的热风炉工作周期。合适的送风时间取决于保证热风炉获得足够的温度水平（表现为拱顶温度）和蓄热量（表现为废气温度）所必要的燃烧时间。

6.5.6.2　热风炉燃烧制度

热风炉燃烧制度有 3 种：固定煤气量，调节空气量；固定空气量，调节煤气量；空气量和煤气量都不固定。各种燃烧制度的特性见表 6-13，各种燃烧制度的比较见图 6-32。

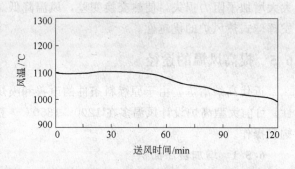

图 6-31　热风炉送风时间与风温变化曲线

（拱顶温度 1250℃，废气温度 200℃，
热风炉蓄热面积 17800m²）

表 6-13　各种燃烧制度的特性

分　　类	固定煤气量，调节空气量		固定空气量，调节煤气量		空气量、煤气量都不固定	
期　　别	升温期①	蓄热期②	升温期①	蓄热期②	升温期①	蓄热期②
空　气　量	适　量	增　大	不　变	不　变	适　量	减　少
煤　气　量	不　变	不　变	适　量	减　少	适　量	减　少
空气过剩系数	最　小	增　大	最　小	增　大	较　小	较　小
拱顶温度	最　高	不　变	最　高	不　变	最　高	不变或降低
废　气　量	增　　加		稍　减　少		减　　少	
热风炉蓄热量	加大，利于强化		减小，不利于强化		减小，不利于强化	
操作难易	较　难		易		难	
适用范围	空气量可调		空气量不可调，或助燃风机容量不足		空气量、煤气量均可调，并可用以控制废气温度	

①图 6-32 中 t_0 至 t_1；②图 6-32 中 t_1 至 t_2。

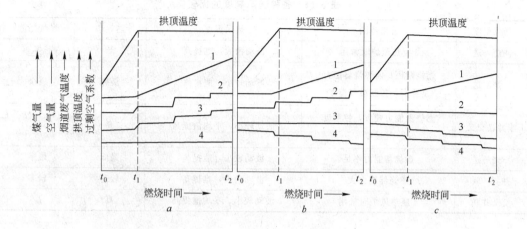

图 6-32 各种燃烧制度示意图

a—固定煤气量，调节空气量；b—固定空气量，调节煤气量；c—空气量、煤气量都不固定

1—烟道废气温度；2—过剩空气系数；3—空气量；4—煤气量

燃烧制度的选择原则为：

（1）结合热风炉设备的具体情况，充分发挥助燃风机、煤气管网的能力；

（2）在允许范围内最大限度的增加热风炉蓄热量，利于提高风温；

（3）燃烧完全，热损小，效率高，降低能耗。

6.5.6.3 热风炉送风制度

当高炉配备 3 座热风炉时，送风制度有：两烧一送；一烧两送；半并联交叉。当高炉配备 4 座热风炉时，送风制度有：三烧一送；并联（两烧两送）；交叉并联。如图 6-33 所示。各种送风制度的比较见表 6-14。

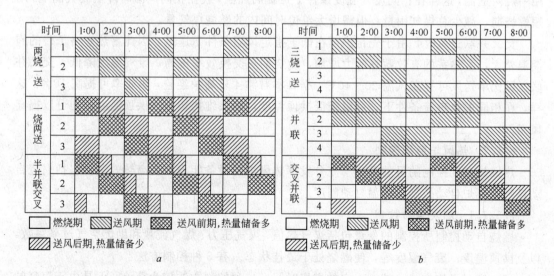

图 6-33 热风炉送风制度示意图

a—3 座热风炉；b—4 座热风炉

表 6-14　各种送风制度的比较

送风制度	适用范围	热风温度	热效率	煤气耗量
两烧一送	3 座热风炉时常用	波动稍大，难提高	低	多
一烧两送	燃烧期短，需燃烧器能力足够大，控制废气温度	波动较小，能提高	最高	最少
半并联交叉	燃烧器能力较大，控制废气温度	波动较小，平均值提高	高	少
三烧一送	燃烧器能力不足	波动较小，能提高	最低	最多
并　　联	燃烧器能力大	波动稍大，难提高	较高	较多
交叉并联	4 座热风炉时常用	波动较小，平均值提高	高	少

送风制度的选择原则为：

（1）根据热风炉座数和蓄热面积；

（2）助燃风机和煤气管网能力；

（3）高炉对风温、风量的要求；

（4）发挥热风炉设备的潜力并保证热风炉设备安全；

（5）利于提高风温和热效率；

（6）降低能耗。

大型高炉多设置 4 座热风炉，几乎都采用交叉并联送风，即两座热风炉同时送风，其中一座热风炉送风温度高于指定风温（后行炉），另一座热风炉送风温度低于指定风温（先行炉）。进入两座热风炉的风量由设在冷风阀前的冷风调节阀控制，因此，是理想状态下的交叉送风，混风调节阀用来调节换炉时的风温波动。中小型高炉若热风炉能力有富余可采用一烧两送制，这样在相同废气温度条件下可提高风温，或在相同风温时降低废气温度，缩短燃烧期，减少总煤气用量，但需增大单位时间内的燃烧煤气量。

交叉并联送风时，由于先行炉可在低于指定风温条件下送风，因此蓄热室格子砖的周期温差大，蓄热室的有效蓄热能力增加，燃烧期热交换效率提高，废气温度降低。交叉并联送风比单送风可提高风温 20～40℃，据日本君津 4 号高炉经验，热效率可提高 10%。这样，在相同的热负荷条件下，可以降低拱顶温度，如果维持相同的拱顶温度，则可以提高风温。

6.5.7　热风炉自动控制

热风炉自动控制的目的是为了充分发挥热风炉的设备能力，提高热效率，包括燃烧自动控制，换炉自动控制，风温自动制度。

6.5.7.1　燃烧自动控制

燃烧自动控制所控制的变量包括煤气热值、煤气压力、煤气流量和助燃空气过剩系数，以及拱顶温度、废气温度等，使燃烧处于最佳状态。有 3 种控制方法：

（1）定时燃烧方式：控制一定的燃烧时间。这种控制方法较为简单，但是由于煤气的成分不同，其热值不同，同样的燃烧时间拱顶温度不同，导致送风期送风温度不同；再者，热风炉的热效率随时间而变化，因此这是一种不甚完善的方法。

（2）定温燃烧方式：根据拱顶温度、废气温度和蓄热室下部温度判定蓄热状态，控制其燃烧方式，是目前普遍采用的控制方式。

（3）热量控制燃烧方式：控制加入炉内的热量，即在控制燃烧热值的同时，监视拱顶温度、废气温度，这是一种比较理想的控制方式。

6.5.7.2 换炉自动控制

换炉自动控制是按预定的程序，控制热风炉各阀门和助燃风机的动作。换炉操作可分为手动、半自动和自动 3 种。现代大型热风炉换炉多已实现全自动操作。根据人工设定的时间或者由计算机根据热风炉状态发出换炉指令，热风炉各阀门及助燃风机按给定的程序进行动作。一般设计时要考虑自动控制和手动控制两种，当自动控制系统发生故障时，可以采用手动操作，使热风炉仍能正常工作。

6.5.7.3 风温自动控制

由于送风和混风方式不同，风温自动控制方式有所不同。在交叉并联操作中，可以由风温调节器来控制每座热风炉的冷风调节阀的开度，调整两座热风炉的风量比例控制风温。也有的考虑到冷风调节阀直径太大，调节风量比较困难，因而有些热风炉不控制冷风调节阀，而是在两座热风炉送风量相等的情况下，通过控制混风阀调节风温。

6.5.7.4 热风炉计算机控制

热风炉操作需要严格控制操作参数，诸如煤气热值、助燃空气和煤气的比例、拱顶温度、火焰温度、废气温度及成分等，用计算机迅速计算热风炉的热状态，然后向各控制系统发出操作给定值，以期获得最高热效率和最经济的指标，这些就是用计算机控制热风炉所要解决的问题。目前世界各国在热风炉控制的数学模型研究中做了大量工作，燃烧控制大多已实现了计算机控制，但是由于热工计算的复杂性，用计算机控制换炉还有待进一步研究。

7 高炉喷吹煤粉系统

　　高炉经风口喷吹煤粉已成为节焦和改进冶炼工艺最有效的措施之一。它不仅可以代替日益紧缺的焦炭，而且有利于改进冶炼工艺：扩展风口前的回旋区，缩小呆滞区；降低风口前的理论燃烧温度，有利于提高风温和采用富氧鼓风，特别是喷吹煤粉和富氧鼓风相结合，在节焦和增产两方面都能取得非常好的效果；可以提高一氧化碳的利用率，提高炉内煤气含氢量，改善还原过程等等。总之，高炉喷煤既有利于节焦增产，又有利于改进高炉冶炼工艺和促进高炉顺行，受到世界各国的普遍重视。

　　高炉喷煤系统主要由原煤贮运、煤粉制备、煤粉喷吹、热烟气和供气等几部分组成，其工艺流程如图 7-1 所示。

图 7-1　高炉喷煤系统工艺流程

　　原煤贮运系统：原煤用汽车或火车运至原煤场进行堆放、贮存、破碎、筛分及去除其中金属杂物等，同时将过湿的原煤进行自然干燥。根据总图布置的远近，用皮带机将原煤送入煤粉制备系统的原煤仓内。

　　煤粉制备系统：将原煤经过磨碎和干燥制成煤粉，再将煤粉从干燥气中分离出来存入煤粉仓内。

　　煤粉喷吹系统：在喷吹罐组内充以氮气，再用压缩空气将煤粉经输送管道和喷枪喷入高炉风口。根据现场情况，喷吹罐组可布置在制粉系统的煤粉仓下面，直接将煤粉喷入高炉；也可布置在高炉附近，用设在制粉系统煤粉仓下面的仓式泵，将煤粉输送到高炉附近的喷吹罐组内。

　　热烟气系统：将高炉煤气在燃烧炉内燃烧生成的热烟气送入制粉系统，用来干燥煤粉。为了降低干燥气中含氧量，现多采用热风炉烟道废气与燃烧炉热烟气的混合气体作为制粉系统的干燥气。

　　供气系统：供给整个喷煤系统的压缩空气、氮气、氧气及少量的蒸汽。压缩空气用于输送煤粉，氮气用于烟煤制备和喷吹系统的气氛惰化，蒸汽用于设备保温。

7.1　煤粉制备系统

7.1.1　煤粉制备工艺

　　煤粉制备工艺是指通过磨煤机将原煤加工成粒度及水分含量均符合高炉喷煤要求的煤粉的工艺过程。高炉喷吹系统对煤粉的要求是：粒径小于 $74\mu m$ 的占 80% 以上，水分不大于 1%。根据磨煤设备可分为球磨机制粉工艺和中速磨制粉工艺两种。

7.1.1.1 球磨机制粉工艺

图 7-2a 所示为 20 世纪 80 年代广为采用的球磨机制粉工艺流程示意图。原煤仓 1 中的原煤由给煤机 2 送入球磨机 9 内进行研磨。干燥气经切断阀 14 和调节阀 15 送入球磨机,干燥气温度通过冷风调节阀 13 调节混入的冷风量来实现,干燥气的用量通过调节阀 15 进行调节。

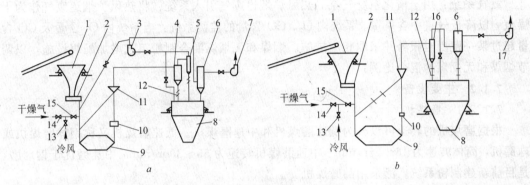

图 7-2　球磨机制粉工艺流程图

1—原煤仓；2—给煤机；3——次风机；4—一级旋风分离器；5—二级旋风分离器；6—布袋收粉器；

7—二次风机；8—煤粉仓；9—球磨机；10—木屑分离器；11—粗粉分离器；12—锁气器；

13—冷风调节阀；14—切断阀；15—调节阀；16—旋风分离器；17—排粉风机

干燥气和煤粉混合物中的木屑及其它大块杂物被木屑分离器 10 捕捉后由人工清理。煤粉随干燥气垂直上升,经粗粉分离器 11 分离,分离后不合格的粗粉返回球磨机再次碾磨,合格的细粉再经一级旋风分离器 4 和二级旋风分离器 5 进行气粉分离,分离出来的煤粉经锁气器 12 落入煤粉仓 8 中,尾气经布袋收粉器 6 过滤后由二次风机排入大气。

一次风机出口至球磨机入口之间的连接管叫返风管。设置此管的目的是利用干燥气余热提高球磨机入口温度和在风速不变的情况下减轻布袋收粉器的负荷,但生产实践证明此目的并没有达到。

此流程要求一次风机前常压运行,一次风机后负压运行,在实际生产中很难控制,因此,在 20 世纪 90 年代初很多厂家对上述工艺流程进行了改造,改造后的工艺流程如图 7-2b 所示。改造的主要内容有:(1)取消一次风机,使整个系统负压运行;(2)取消返风管,减少煤粉爆炸点;(3)取消二级旋风分离器或完全取消旋风分离器。改造后大大简化了工艺流程,减小了系统阻力损失,减少了设备故障点。

7.1.1.2 中速磨制粉工艺

中速磨制粉工艺如图 7-3 所示。原煤仓中的原煤经给煤机送入中速磨中进行碾磨,干燥气用于干燥中速磨内的原煤,冷风用于调节干燥气的温度。中速磨煤机本身带有粗粉分离器,从中速磨出来的气粉混合物直接进入布袋收

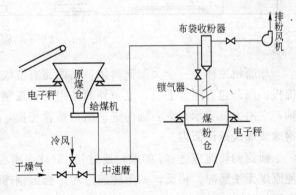

图 7-3　中速磨制粉工艺流程图

粉器，被捕捉的煤粉落入煤粉仓，尾气经排粉风机排入大气。中速磨不能磨碎的粗硬煤粒从主机下部的清渣孔排出。

按磨制的煤种可分为烟煤制粉工艺、无烟煤制粉工艺和烟煤与无烟煤混合制粉工艺，3种工艺流程基本相同。基于防爆要求，烟煤制粉工艺和烟煤与无烟煤混合制粉工艺增加以下几个系统：

氮气系统：用于惰化系统气氛。热风炉烟道废气引入系统：将热风炉烟道废气作为干燥气，以降低气氛中含氧量。系统内 O_2、CO 含量的监测系统：当系统内 O_2 含量及 CO 含量超过某一范围时报警并采取相应措施。烟煤和无烟煤混合制粉工艺增加配煤设施，以调节烟煤和无烟煤的混合比例。

7.1.2　主要设备

7.1.2.1　磨煤机

根据磨煤机的转速可以分为低速磨煤机和中速磨煤机。低速磨煤机又称钢球磨煤机或球磨机，筒体转速为 16～25r/min。中速磨煤机转速为 50～300r/min，中速磨优于钢球磨，是目前新建制粉系统广泛采用的磨煤机。

A　球磨机

球磨机是 20 世纪 80 年代建设的制粉系统广泛采用的磨煤机，其结构如图 7-4 所示。

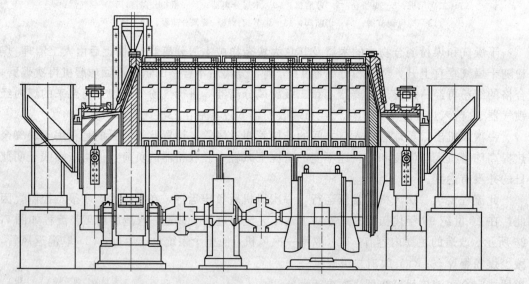

图 7-4　球磨机结构示意图

球磨机主体是一个大圆筒筒体，筒内镶有波纹形锰钢钢瓦，钢瓦与筒体间夹有隔热石棉板，筒外包有隔音毛毡，毛毡外面是用薄钢板制作的外壳。筒体两头的端盖上装有空心轴，它由大瓦支承。空心轴与进、出口短管相接，内壁有螺旋槽，螺旋槽能使空心轴内的钢球或煤块返回筒内。

圆筒的转速应适宜，如果转速过快，钢球在离心力作用下紧贴圆筒内壁而不能落下，致使原煤无法磨碎。相反，如果转速过慢，会因钢球提升高度不够而减弱磨煤作用，降低球磨机的效率。

当钢球获得的离心力等于钢球自身的重力时，筒体的转速称为临界转速 $n_{临}$(r/min)。根据力的平衡可以得到理论临界转速的计算公式：

$$n_{临} = \frac{30}{\pi}\sqrt{\frac{g}{R}}$$ (7-1)

式中 R——筒体内半径，m；

g——重力加速度，9.8m/s²。

由上式可知，临界转速取决于筒体内半径 R，而与钢球质量无关。筒体内半径越小，临界转速越大。在正常生产时，筒体转速应略低于理论临界转速。

生产实践证明，磨煤机能力最强时圆筒的最佳转速为：

$$n_{佳} = 0.76n_{临}$$ (7-2)

球磨机中钢球是沿筒体长度方向均匀分布的，因此筒体出口端煤粒被钢球磨碎的机会比入口端多，煤粉的均匀性指数较差。

球磨机的优点是：对原煤品种的要求不高，它可以磨制各种不同硬度的煤种，并且能长时间连续运行，因此短期内不会被淘汰。其缺点是：设备笨重，系统复杂，建设投资高，金属消耗多，噪音大，电耗高，并且即使在断煤的情况下球磨机的电耗也不会明显下降。

B 中速磨煤机

中速磨煤机是目前新建制粉系统普遍采用的磨煤机，主要有 3 种结构形式——平盘磨、碗式磨和 MPS 磨。

中速磨具有结构紧凑、占地面积小、基建投资低、噪声小、耗水量小、金属消耗少和磨煤电耗低等优点。中速磨在低负荷运行时电耗明显下降，单位煤粉耗电量增加不多，当配用回转式粗粉分离器时，煤粉均匀性好，均匀指数高。中速磨的缺点是磨煤元件易磨损，尤其是平盘磨和碗式磨的磨煤能力随零件的磨损明显下降。由于磨煤机干燥气的温度不能太高，因此，磨制含水分高的原煤较为困难。另外，中速磨不能磨硬质煤，原煤中的铁件和其它杂物必须全部去除。

中速磨转速过低时磨煤能力低，转速过高时煤粉粒度过粗，因此转速要适宜，以获得最佳效果。

a 平盘磨

图 7-5 为平盘磨的结构示意图，转盘和辊子是平盘磨的主要部件。电动机通过减速器带动转盘旋转，转盘带动辊子转动，煤在转盘和辊子之间被研磨，它是依靠碾压作用进行磨煤的。碾压煤的压力包括辊子的自重和弹簧拉紧力。

原煤由落煤管送到转盘的中部，依靠转盘转动产生的离心力使煤连续不断地向转盘边缘移动，煤在通过辊子下面时被碾碎。转盘边缘上装有一圈挡环，可防止煤从转盘上直接滑落出去，挡环还能保持转盘上有一定厚度的煤层，提高磨煤效率。

干燥气从风道引入风室后，以大于 35m/s 的速

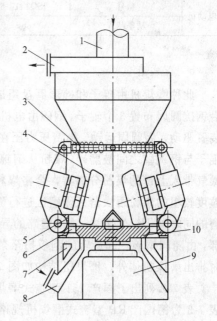

图 7-5 平盘磨结构示意图

1—原煤入口；2—气粉出口；3—弹簧；
4—辊子；5—挡环；6—干燥气通道；7—气室；
8—干燥气入口；9—减速箱；10—转盘

度通过转盘周围的环形风道进入转盘上部。由于气流的卷吸作用，将煤粉带入磨煤机上部的粗粉分离器，过粗的煤粉被分离后又直接回到转盘上重新磨制。在转盘的周围还装有一圈随转盘一起转动的叶片，叶片的作用是扰动气流，使合格煤粉进入磨煤机上部的粗粉分离器。

此种磨煤机装有 2～3 个锥形辊子，辊子有效深度约为磨盘外径的 20%，辊子轴线与水平盘面的倾斜角一般为 15°，辊子上套有用耐磨钢制成的辊套，转盘上装有用耐磨钢制成的衬板。辊子和转盘磨损到一定程度时就应更换辊套和衬板，弹簧拉紧力要根据煤的软硬程度进行适当的调整。

为了保证转动部件的润滑，此种磨煤机的进风温度一般应小于 300～350℃。干燥气通过环形风道时应保持稍高的风速，以便托住从转盘边缘落下的煤粒。国产平盘磨的型号和规格见表 7-1。

表 7-1　国产平盘磨规格型号

型　　号		PZM1600/1380	PZM1400/1200	PZM1250/980	PZM950/815
铭牌出力/t·h⁻¹		20	16	7～12	4～6
磨　盘	直径/m	1.60	1.40	1.25	0.95
	转速/r·min⁻¹	50	50	50	
	圆周速度/m·s⁻¹	4.18	3.66	2.26	
辊　子	大头直径/m	1.38	1.2	0.98	0.815
	数量/个	2	2	3	3
电动机	型号	JSQ1410-6	JSQ128-6	JSI16-4	JO₃2505-4
	功率/kW	380	190	155	75

b　碗式磨

此种磨煤机由辊子和碗形磨盘组成，故称碗式磨，沿钢碗圆周布置 3 个辊子。钢碗由电机经蜗轮蜗杆减速装置驱动，做圆周运动。弹簧压力压在辊子上，原煤在辊子与钢碗壁之间被磨碎，煤粉从钢碗边溢出后即被干燥气带入上部的煤粉分离器，合格煤粉被带出磨煤机，粒度较粗的煤粉再次落入碾磨区进行碾磨，原煤在被碾磨的同时被干燥气干燥。难以磨碎的异物落入磨煤机底部，由随同钢碗一起旋转的刮板扫至杂物排放口，并定时排出磨煤机体外。磨煤机结构如图 7-6 所示。

表 7-2 列出了国产 151 型碗式磨煤机的技术性能。表 7-3 为德国产 RP 型碗式磨煤机规格。

c　MPS 磨煤机

MPS 型辊式磨煤机结构示意图见图 7-7。该机属于辊与环结构，它与其它形式的中速磨煤机相比，具有出力大和碾磨件使用寿命长，磨煤电耗低，设备可靠以及

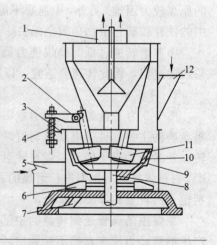

图 7-6　碗磨结构示意图

1—气粉出口；2—耳轴；3—调整螺丝；
4—弹簧；5—干燥气入口；6—刮板；
7—杂物排放口；8—转动轴；9—钢碗；
10—衬圈；11—辊子；12—原煤入口

表 7-2　国产 151 型碗式磨煤机的技术性能

铭牌出力/ t·h⁻¹	钢碗直径/ m	转速/ r·min⁻¹	钢碗周速/ m·s⁻¹	辊筒大头 直径/m	辊筒数/ 个	电动机 功率/kW	电机型号
15	1.55	87	7.1	0.575	3	185	JS127-6

表 7-3　德国产 RP 型碗式磨煤机规格

型号 RP	523	603	703	743	863	903	1003	1083	1103	1203
铭牌出力/t·h⁻¹	10.9	16.7	26.3	31.1	48.0	55	68	87	91	114
电动机功率/kW	100	145	230	270	416	446	562	710	740	925

运行平稳等特点。新建的中速磨制粉系统采用这种磨煤
机的较多。它配置 3 个大磨辊,磨辊的位置固定,互成
120°角,与垂直线的倾角为 12°～15°,在主动旋转着的磨
盘上随着转动,在转动时还有一定程度的摆动。磨碎煤粉
的碾磨力可以通过液压弹簧系统调节。原煤的磨碎和干
燥借助干燥气的流动来完成的,干燥气通过喷嘴环以 70
～90m/s 的速度进入磨盘周围,用于干燥原煤,并且提供
将煤粉输送到粗粉分离器的能量。合格的细颗粒煤粉经
过粗粉分离器被送出磨煤机,粗颗粒煤粉则再次跌落到
磨盘上重新碾磨。原煤中较大颗粒的杂质可通过喷嘴口
落到机壳底座上经刮板机构刮落到排渣箱中。煤粉粒度
可以通过粗粉分离器挡板的开度进行调节,煤粉越细,能
耗越高。在低负荷运行时,同样的煤粉粒度,单位煤粉的
能耗会提高。

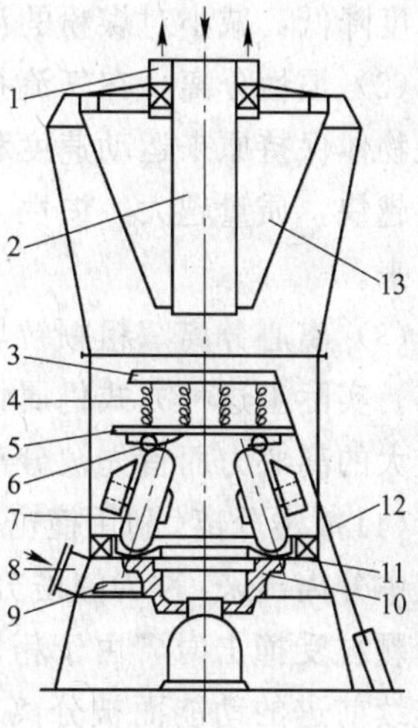

图 7-7　MPS 磨煤机结构示意图

1—煤粉出口;2—原煤入口;3—压紧环;
4—弹簧;5—压环;6—滚子;7—磨辊;
8—干燥气入口;9—刮板;10—磨盘;
11—磨环;12—拉紧钢丝绳;13—粗粉分离器

7.1.2.2　给煤机

给煤机位于原煤仓下面,用于向磨煤机提供原煤,目
前常用埋刮板给煤机。图 7-8 为埋刮板给煤机结构示意
图。此种给煤机便于密封,可多点受料和多点出料,并能
调节刮板运行速度和输料厚度,能够发送断煤信号。

埋刮板给煤机由链轮、链条和壳体组成。壳体内有上下两组支承链条滑移的轨道和控

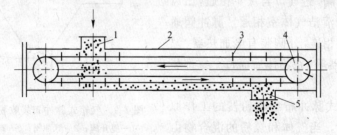

图 7-8　埋刮板给煤机结构示意图

1—进料口;2—壳体;3—刮板;4—星轮;5—出料口

制料层厚度的调节板，刮板装在链条上，壳体上下设有一个或数个进出料口和一台链条松紧器。链条由电动机通过减速器驱动。原煤经进料口穿过上刮板落入底部后由下部的刮板带走。埋刮板给煤机对原煤的要求较严，不允许有铁件和其它大块夹杂物，因此在原煤贮运过程中要增设除铁器，去除其中的金属器件。

7.1.2.3　煤粉收集设备

A　粗粉分离器

由于干燥气和煤粉颗粒相互碰撞，使得从磨煤机中带出的煤粉粒度粗细混杂。为避免煤粉过粗，在低速磨煤机的后面通常设置粗粉分离器，其作用是把过粗的煤粉分离出来，再返回球磨机重新磨制。

目前采用的粗粉分离器形式很多，工作原理大致有以下4种：

(1) 重力分离。其原理是气流在垂直上升的过程中，当流入截面较大的空间时，使气流速度降低，减小对煤粉的浮力，大颗粒的煤粉随即分离沉降。

(2) 惯性分离。在气流拐弯时，利用煤粉的惯性力把粗粉分离出来，即惯性分离。惯性是物体保持原来运动速度和方向的特性；而惯性力的大小与物体运动的速度、质量有关，速度越快，质量越大，惯性力也就越大。在同样的流速下，大颗粒煤粉容易脱离气流而分离出来。

(3) 离心分离。粗颗粒煤粉在旋转运动中依靠其离心力从气流中分离出来，称为离心分离。实际上这种方式仍属惯性分离，气流沿圆形容器的圆周运动时，由于大颗粒煤粉具有较大的离心力而首先被分离出来。

(4) 撞击分离。利用撞击使粗颗粒煤粉从气流中分离出来，称为撞击分离。当气流中的煤粉颗粒受撞击时，由于粗颗粒煤粉首先失去继续前进的动能而被分离出来，细颗粒煤粉随气流方向继续前进。

B　PPCS气箱式脉冲布袋收粉器

新建煤粉制备系统一般采用PPCS气箱式脉冲布袋收粉器一次收粉，简化了制粉系统工艺流程。PPCS气箱式脉冲布袋收粉器由灰斗、排灰装置、脉冲清灰系统等组成。箱体由多个室组成，每个室配有两个脉冲阀和一个带气缸的提升阀。进气口与灰斗相通，出风口通过提升阀与清洁气体室相通，脉冲阀通过管道与储气罐相连，外侧装有电加热器、温度计、料位控制器等，在箱体后面每个室都装有一个防爆门。

PPCS气箱式脉冲布袋收粉器的工作原理如图7-9所示，当气体和煤粉的混合物由进风口进入灰斗后，一部分凝结的煤粉和较粗颗粒的煤粉由于惯性碰撞，自然沉积到灰

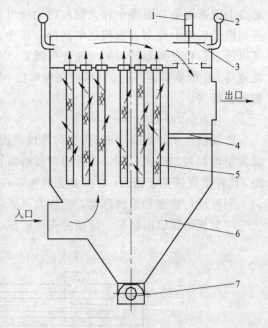

图7-9　气箱式脉冲布袋收粉器结构示意图
1—提升阀；2—脉冲阀；3—阀板；4—隔板；
5—滤袋及袋笼；6—灰斗；
7—叶轮给煤机或螺旋输送机

斗上，细颗粒煤粉随气流上升进入袋室，经滤袋过滤后，煤粉被阻留在滤袋外侧，净化后的气体由滤袋内部进入箱体，再经阀板孔、出口排出，达到收集煤粉的作用。随着过滤的不断进行，滤袋外侧的煤粉逐渐增多，阻力逐渐提高，当达到设定阻力值或一定时间间隔时，清灰程序控制器发出清灰指令。首先关闭提升阀，切断气源，停止该室过滤，再打开电磁脉冲阀，向滤袋内喷入高压气体——氮气或压缩空气，以清除滤袋外表面捕集的煤粉。清灰完毕，再次打开提升阀，进入工作状态。上述清灰过程是逐室进行的，互不干扰，当一个室清灰时，其它室照常工作。部分 PPCS 气箱式脉冲布袋收粉器的技术性能见表 7-4。

表 7-4　PPCS 气箱式脉冲布袋收粉器的技术性能

型　号	处理风量 /m³·h⁻¹	室数 /个	滤袋总数 /条	总过滤面积 /m²	入口煤粉浓度 /g·m⁻³	出口煤粉浓度 /g·m⁻³	压力损失 /Pa	承受负压 /Pa
PPCS32-3	6690	3	96	93	<200	<0.1	<1470	5000
PPCS32-6	13390	6	192	186	<200	<0.1	<1470	5000
PPCS64-4	17800	4	256	248	<650	<0.1	<1470	5000
PPCS64-6	26700	6	384	372	<650	<0.1	<1470	5000
PPCS64-8	35700	8	512	496	<650	<0.1	<1470	5000
PPCS96-6	40100	6	576	557	<1000	<0.1	1470~1770	5000
PPCS96-8	58510	8	768	744	<1000	<0.1	1470~1770	5000
PPCS96-2×6	80700	12	1152	1121	<1000	<0.1	1470~1770	5000
PPCS96-2×8	107600	16	1536	1494	<1000	<0.1	1470~1770	5000
PPCS128-6	67300	6	968	935	<1300	<0.1	1470~1770	6860
PPCS128-10	112100	10	1280	1558	<1300	<0.1	1470~1770	6860
PPCS128-2×6	134600	12	1536	1869	<1300	<0.1	1470~1770	6860
PPCS128-2×8	179400	16	2048	2492	<1300	<0.1	1470~1770	6860
PPCS128-2×10	224300	20	2560	3115	<1300	<0.1	1470~1770	6860
PPCS128-2×12	269100	24	3012	3738	<1300	<0.1	1470~1770	6860

一个室从清灰开始到结束，称为一个清灰过程，一般为 3~10s。一个室从清灰开始到下一次清灰开始之间的时间间隔称为清灰周期，清灰周期的长短取决于煤粉浓度、过滤风速等条件，可以根据工作条件选择清灰周期。从一个室的清灰结束到另外一个室的清灰开始，称为室清灰间隔。

7.1.2.4　排粉风机

排粉风机是制粉系统的主要设备，它是整个制粉系统中气固两相流流动的动力来源，工作原理与普通离心通风机相同。排粉风机的风叶成弧形，若以弧形叶片来判断风机旋转方向是否正确，则排粉机的旋转方向应当与普通离心风机的旋转方向相反。

7.1.2.5　木屑分离器

木屑分离器的结构示意图见图 7-10。安装在磨煤机出口的垂直管道上，用以捕捉气流中夹带的木屑和其它大块杂物。分离器内上方设有可翻转的网格，下部内侧有木屑篓，篓底有一扇能翻转的挡气板，外侧有取物门。木屑分离器取物时先关闭挡气板，再把网格从水平位置翻下，使木屑落入木屑篓，网格复位后打开取物门把木屑等杂物取出。

7.1.2.6　锁气器

锁气器是一种只能让煤粉通过而不允许气体通过的设备。常用的锁气器有锥式和斜板式两种，其结构如图 7-11 所示。

锁气器由杠杆、平衡锤、壳体和灰门组成。灰门呈平板状的称为斜板式锁气器，灰门呈圆锥状的称为锥式锁气器。斜板式锁气器可在垂直管道上使用，也可在垂直偏斜度小于 20°的倾斜管道上使用。而锥式锁气器只能安装在垂直管道上。

当煤粉在锁气器内存到一定数量时，灰门自动开启卸灰，当煤粉减少到一定量后，由于平衡锤的作用使灰门复位。为保证锁气可靠，一般要安装两台锁气器，串连使用，并且锁气器上方煤粉管的长度不应小于 600mm。

斜板式锁气器运行可靠，不易被杂物堵住，但密封性和灵活性比锥式锁气器差。锥式锁气器的密封性好，但是平衡锤在壳体内，不便于操作人员检查。

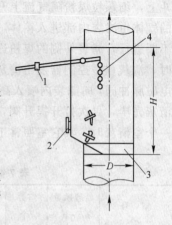

图 7-10　木屑分离器
1—平衡重锤；2—取物门；
3—挡气板；4—网格

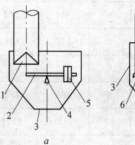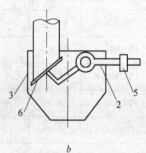

a　　　　　　　　　　b

图 7-11　锁气器
a—锥式；b—斜板式
1—圆锥状灰门；2—杠杆；3—壳体；
4—刀架；5—平衡锤；6—平板状灰门

7.2　煤粉喷吹系统

7.2.1　喷吹工艺

从制粉系统的煤粉仓后面到高炉风口喷枪之间的设施属于喷吹系统，主要包括煤粉输送、煤粉收集、煤粉喷吹、煤粉的分配及风口喷吹等。在煤粉制备站与高炉之间距离小于300m 的情况下，把喷吹设施布置在制粉站的煤粉仓下面，不设输粉设施，这种工艺称为直接喷吹工艺；在制粉站与高炉之间的距离较远时，增设输粉设施，将煤粉由制粉站的煤粉仓输送到喷吹站，这种工艺称为间接喷吹工艺。

根据煤粉容器受压情况将喷吹设施分为常压和高压两种。根据喷吹系统的布置可分为串罐喷吹和并罐喷吹两大类，根据喷吹管路的条数分为单管路喷吹和多管路喷吹。

7.2.1.1　串罐喷吹

串罐喷吹工艺如图 7-12 所示，它是将 3 个罐重叠布置的，从上到下 3 个罐依次为煤粉仓、中间罐和喷吹罐。打开上钟阀 6，煤粉由煤粉仓 3 落入中间罐 10 内，装满煤粉后关上钟阀。当喷吹罐 17 内煤粉下降到低料位时，中间罐开始充压，向罐内充入氮气，使中间罐压力与喷吹罐压力相等,依次打开均压阀 9、下钟阀 14 和中钟阀 12,待中间罐煤粉放空时,依次关闭中钟阀 12、下钟阀 14 和均压阀 9,开启放散阀 5 直到中间罐压力为零。

串罐喷吹系统的喷吹罐连续运行,喷吹稳定,设备利用率高,厂房占地面积小。

7.2.1.2 并罐喷吹

并罐喷吹工艺如图 7-13 所示,两个或多个喷吹罐并列布置,一个喷吹罐喷煤时,另一个喷吹罐装煤和充压,喷吹罐轮流喷吹煤粉。并罐喷吹工艺简单,设备少,厂房低,建设投资少,计量方便,常用于单管路喷吹。

7.2.1.3 单管路喷吹

喷吹罐下只设一条喷吹管路的喷吹形式称为单管路喷吹。单管路喷吹必须与多头分配器配合使用。各风口喷煤量的均匀程度取决于多头分配器的结构形式和支管补气调节的可靠性。

单管路喷吹工艺具有如下优点:工艺简单、设备少、投资低、维修量小、操作方便以及容易实现自动计量;由于混合器较大,输粉管道粗,不易堵塞;在个别喷枪停用时,不会导致喷吹罐内产生死角,能保持下料顺畅,并且容易调节喷吹速率;在喷煤总管上安装自动切断阀,以确保喷煤系统安全。

在喷吹高挥发分的烟煤时,采用单管路喷吹,可以较好的解决由于死角处的煤粉自燃和因回火而引起爆炸的可能性。因此,目前有将多管路喷吹改为单管路喷吹的趋势。

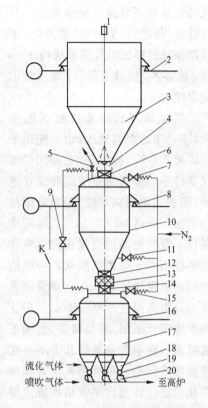

图 7-12 串罐喷吹工艺

1—塞头阀;2—煤粉仓电子秤;3—煤粉仓;
4—软连接;5—放散阀;6—上钟阀;
7—中间罐充压阀;8—中间罐电子秤;
9—均压阀;10—中间罐;11—中间罐流化阀;
12—中钟阀;13—软连接;14—下钟阀;
15—喷吹罐充压阀;16—喷吹罐电子秤;
17—喷吹罐;18—流化器;19—给煤球阀;
20—混合器

7.2.1.4 多管路喷吹

从喷吹罐引出多条喷吹管,每条喷吹管连接一支喷枪的形式称为多管路喷吹。下出料喷吹罐的下部设有与喷吹管数目相同的混合器,采用可调式混合器可调节各喷吹支管的输煤量,以减少各风口间喷煤量的偏差。上出料式喷吹罐设有一个水平安装的环形沸腾板即流态化板,其下面为气室,喷吹支管是沿罐体四周均匀分布的,喷吹支管的起始段与沸腾板面垂直,喷吹管管口与沸腾板板面的距离为 20~50mm,调节管口与板面的距离能改变各喷枪的喷煤量,但改变此距离的机构较复杂,因此,一般都采用改变支管补气量的方法来减少各风口间喷煤量的偏差。

多管路系统与单管路——分配器系统相比较,多管路系统存在许多明显的缺点:

首先是多管路系统设备多、投资高、维修量大。在多管路喷煤系统中,每根支管都要有相应的切断阀、给煤器、安全阀以及喷煤量调节装置等,高炉越大,风口越多,上述设备越多;而单管路系统一般只需一套上述设备,大于 2000m³ 的高炉有两套也足够了,因而设备数量比多管路系统少得多，节省投资。据统计，1000m³ 级高炉，多管路系统投资比单管路系统高 3～4 倍。设备多，故障率就高，维修量也相应增大。

　　其次是多管路系统喷煤阻损大，不适于远距离输送，也不能用于并罐喷吹系统。据测定，在相同的喷煤条件下，多管路系统因喷煤管道细，阻损比单管路系统（包括分配器的阻损）约高 10%～15%，即同样条件下要求更高的喷煤压力。多管路系统不适于远距离喷吹，一般输送距离不宜超过 150m，而单管路系统输煤距离可达 500～600m。多管路系统因管道细，容易堵塞，影响正常喷吹；而单管路系统几乎不存在管路堵塞问题。单管路系统对煤种变化的适应性也比多管路系统大得多。另外，多管路喷吹只能用于串罐喷吹系统；单管路系统既可用于串罐系统，又可用于并罐系统。

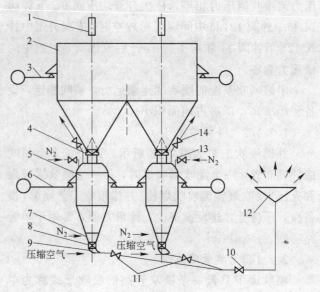

图 7-13　并罐喷煤系统

1—塞头阀；2—煤粉仓；3—煤粉仓电子秤；4—软连接；5—喷吹罐；
6—喷吹罐电子秤；7—流化器；8—下煤阀；9—混合器；10—安全阀；
11—切断阀；12—分配器；13—充压阀；14—放散阀

　　再次是关于调节喷煤量的问题。从理论上分析，多管路喷吹系统可以调节各风口的喷煤量。但是，要实现这一目的，其前提条件是必须在各支管装设计量准确的单支管流量计。对于这种流量计，国内外虽然花费了很大精力去开发，但至今还很少有能够用于实际生产的产品，即使有个别产品，也因价格太高难于被用户接受。另外，还应装设风口风量流量计，这又是一种技术难度大、价格高、国外也很少采用的设备。即使花费巨大投资，装上单支管煤粉流量计和风口风量流量计来调节风口喷煤量，也不能准确控制各风口喷煤量。因为在实际生产中，只要调节一个风口的喷煤量，其余风口的喷煤量也会变化。因此要调节各风口喷煤量，在目前条件下还难以达到要求。

　　对于单管路喷煤系统，要调节总喷煤量，既方便，又简单。至于高炉各风口的喷煤量，从目前国内外高炉实际操作来看，由于高炉风口风量也不是均匀的，以目前煤粉分配器所达到的水平，各支管间分配误差小于 ±3%，完全可以满足高炉操作的需要。

　　由于多管路系统存在许多明显的缺点，鞍钢、首钢、武钢、唐钢等以前曾用多管路系统的企业，近几年来纷纷借高炉大修的机会改为单管路——分配器系统。实践证明，单管路——分配器系统比原有的多管路系统具有明显的优越性。

7.2.2　主要设备

7.2.2.1　混合器

　　混合器是将压缩空气与煤粉混合并使煤粉启动的设备，由壳体和喷嘴组成，如图 7-14 所示。混合器的工作原理是利用从喷嘴喷射出的高速气流所产生的相对负压将煤粉吸附、混匀和

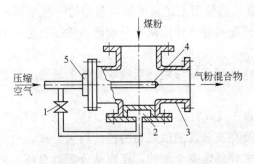

图 7-14　沸腾式混合器

1—压缩空气阀门；2—气室；3—壳体；
4—喷嘴；5—调节帽

启动的。喷嘴周围产生负压的大小与喷嘴直径、气流速度以及喷嘴在壳体中的位置有关。

混合器的喷嘴位置可以前后调节，调节效果极为明显。喷嘴位置稍前或稍后都会引起相对负压不足而出现空喷——只喷空气不带煤粉。目前，使用较多的是沸腾式混合器，其结构示意图如图 7-14 所示。其特点是壳体底部设有气室，气室上面为沸腾板，通过沸腾板的压缩空气能提高气、粉混合效果，增大煤粉的启动动能。

有的混合器上端设有可以控制煤粉量的调节器，调节器的开度可以通过气粉混合比的大小自动调节。

7.2.2.2　分配器

单管路喷吹必须设置分配器。煤粉由设在喷吹罐下部的混合器供给，经喷吹总管送入分配器，在分配器四周均匀布置了若干个喷吹支管，喷吹支管数目与高炉风口数相同，煤粉经喷吹支管和喷枪喷入高炉。目前使用效果较好的分配器有瓶式、盘式和锥形分配器等几种。图 7-15 所示为瓶式、盘式和锥形分配器的结构示意图。

我国从 20 世纪 60 年代中期曾对瓶式分配器进行了研究，但并没有真正用到高炉生产上。80 年代中后期，对盘式分配器进行了研究，并于 80 年代后期用于实际高炉。生产实践证明盘式分配器具有较高的分配精度。

锥形分配器见图 7-15c。该分配器呈倒锥形，中心有分配锥，煤粉由下部进入分配器，经分配锥把煤粉流切割成多个相等的扇形流股，经各支管分配到各风口。煤粉在该分配器前后速度变化不大，产生的压降小，分配器出口煤粉流量受喷煤支管长度的影响。

高炉操作要求煤粉分配器分配

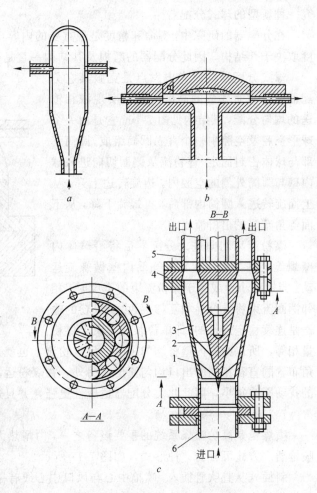

图 7-15　分配器结构示意图

a—瓶式；b—盘式；c—锥形

1—分配器外壳；2—中央锥体；3—煤粉分配刀；
4—中间法兰；5—喷煤支管；6—喷煤主管

均匀,分配精度小于3%。在高炉生产实践中总结出使用上述分配器应遵循的一些原则:

(1) 一座高炉使用两个分配器比使用一个分配器好。使用两个分配器,除了工艺布置灵活外,分配精度也可以提高;

(2) 两个分配器应对称布置在高炉两侧,这样可保证分配器后喷吹支管的长度大致相等,从而使喷吹支管的压力损失近似;

(3) 喷吹主管在进入分配器前应有相当长的一段垂直段,一般要求大于3.5m,以减少加速段不稳定流的影响,保证适当的气粉速度及在充分发展段煤粉沿径向均匀分布。

(4) 评估分配器的性能,只从寿命及精度来评估是不全面的,还应从分配器对环境的适应性来考虑,如喷枪堵塞时的性能等。

由于瓶式、盘式和锥形分配器对喷煤主管进入分配器前的垂直段高度有一定要求,有时难以满足,特别是旧高炉改造时,并且难以满足浓相输送的要求。北京科技大学正在研究一种新型的球式分配器。

在分配器的研究中,寿命和精度是最重要的内容,而寿命取决于分配器的抗磨特性,精度取决于其结构,因此分配器的磨损及其结构一直是研究热点。

球式分配器的研究出发点是克服其它分配器要求垂直安装的高度问题及实现浓相输送的均匀分配,其结构见图7-16。它是由一个球形空腔及空腔中一个直立圆筒组成,圆筒下部与球体密封固定,煤粉流从侧面切向进入球内壁与圆筒外侧的空腔内,边旋转边上升,从上面旋转进入圆筒内部后,再螺旋下降,从下面等角布置的出口流出。

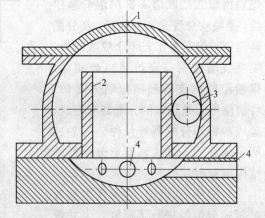

图 7-16　球式分配器结构示意图
1—球腔; 2—圆筒; 3—进口; 4—出口

煤粉流束切向进入分配器后将沿球体内壁螺旋上升,到顶后转入圆筒内壁做螺旋运动。当螺距小于或等于煤粉流束的宽度时,相邻两圈流束将重合并相互掺混,由于煤粉的输送是连续稳定进行的,即单位长度流束上煤粉量相等,所以圆筒内壁将均匀覆盖一层煤粉流,也就是煤粉流呈轴对称分布,从而可从等角布置的直径相同的出口均匀流出。另外,在煤粉运动中,离心力占绝对优势,其它因素的扰动影响很小,因此此类分配器适应性更强,并且适合于浓相输送。

7.2.2.3　喷煤枪

喷煤枪是高炉喷煤系统的重要设备之一,由耐热无缝钢管制成,直径15~25mm。根据喷枪插入方式可分为3种形式,如图7-17所示。

斜插式从直吹管插入,喷枪中心与风口中心线有一夹角,一般为12°~14°。斜插式喷枪的操作较为方便,直接受热段较短,不易变形,但是煤粉流冲刷直吹管壁。

直插式喷枪从窥视孔插入,喷枪中心与直吹管的中心线平行,喷吹的煤粉流不易冲刷风口,但是妨碍高炉操作者观察风口,并且喷枪受热段较长,喷枪容易变形。

风口固定式喷枪由风口小套水冷腔插入,无直接受热段,停喷时不需拔枪,操作方便,但是制造复杂,成品率低,并且不能调节喷枪伸入长度。

7.2.2.4 氧煤枪

由于喷煤量的增大，风口回旋区理论燃烧温度降低太多，不利于高炉冶炼，而补偿的方法主要有两种，一是通过提高风温实现，二是通过提高氧气浓度即采取富氧操作实现。但是欲将 1100～1250℃ 的热风温度进一步提高非常困难，因此提高氧气浓度即采用富氧操作成为首选的方法。

高炉富氧的方法有两种：一是在热风炉前将氧气混入冷风；二是将有限的氧气由风口及直吹管之间，用适当的方法加入。氧气对煤粉燃烧的影响主要是热解以后的多相反应阶段，并且在这一阶段氧气浓度越高，越有利于燃烧过程。因此，将氧气由风口及直吹管之间加入非常有利，它可以将有限的氧气用到最需要的地方，而实现这一方法的有效途径是采用氧煤枪。图 7-18 为氧煤枪的结构示意图。

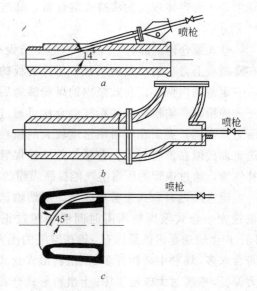

图 7-17 喷煤枪

a—斜插式；b—直插式；c—风口固定式

氧煤枪枪身由两支耐热钢管相套而成，内管吹煤粉，内、外管之间的环形空间吹氧气。枪嘴的中心孔与内管相通，中心孔周围有数个小孔，氧气从小孔以接近音速的速度喷出。图 7-18 中 A、B、C 3 种结构不同，氧气喷出的形式也不一样。A 为螺旋形，它能迫使氧气在煤股四周做旋转运动，以达到氧煤迅速混合燃烧的目的；B 为向心形，它能将氧气喷向中心，氧煤股的交点可根据需要预先设定，其目的是控制煤粉开始燃烧的位置，以防止过早燃烧而损坏枪嘴或风口结渣现象的出现；C 为退后形，当枪头前端受阻时，该喷枪可防止氧气回灌到煤粉管内，以达到保护喷枪和安全喷吹

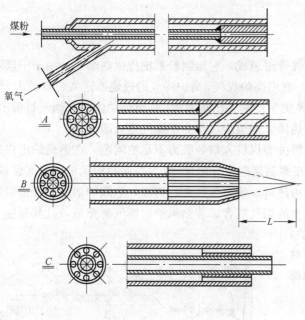

图 7-18 氧煤枪

的目的。

英国钢铁公司采用的双枪系统可谓独树一帜，他们将煤粉和氧气分别用单筒喷枪从风口与直吹管之间的适当的位置喷入，这种喷吹方式使高炉喷吹煤比达到每吨铁 300kg 以上。

7.2.2.5 仓式泵

仓式泵有下出料和上出料两种，下出料仓式泵与喷吹罐的结构相同，上出料仓式泵实

际上是一台容体较大的沸腾式混合器,其结构如图7-19所示。

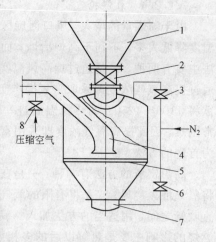

仓式泵仓体下部有一气室,气室上方设有沸腾板,在沸腾板上方出料口呈喇叭状,与沸腾板的距离可以在一定范围内调节。仓式泵内的煤粉沸腾后由出料口送入输粉管。输粉速度和粉气混合比可通过改变气源压力来实现。夹杂在煤粉中密度较大的粗粒物因不能送走而残留在沸腾板上。在泵体外的输煤管始端设有补气管,通过该管的压缩空气能提高煤粉的动能。

输送延迟是仓式泵常见故障。所谓输送延迟是指输送完一仓式泵煤粉所需时间明显超过正常输送时间。产生输送延迟的原因有:输送空气的压力偏低;煤粉含水多,煤粉中杂物过多;下出料形式仓式泵泵体压力偏低,喷嘴过大或已损坏;上出料形式仓式泵的可调单向阀开度不足,气室与罐体压差不适当;流态化板损坏或透气性不好,吸嘴高度不适当等。一旦发生输送延迟,要将煤粉送空,查明原因后,及时进行处理。

图 7-19　上出料仓式泵

1—煤粉仓;2—给煤阀;3—充压阀;

4—喷出口;5—沸腾板;6—沸腾阀;

7—气室;8—补气阀

7.3　热烟气系统

7.3.1　热烟气系统工艺流程

热烟气系统由燃烧炉、风机和烟气管道组成,它给制粉系统提供热烟气,用于干燥煤粉,其工艺流程如图7-20所示。燃料一般用高炉煤气,高炉煤气通过烧嘴送入燃烧炉内,燃烧后产生的烟气从烟囱排出,当制粉系统生产时关闭烟囱阀,则燃烧炉内的热烟气被吸出,在烟气管道上兑入一定数量的冷风或热风炉烟道废气作为干燥气送入磨煤机。

当燃烧炉距制粉系统较远时,为解决磨煤机入口处吸力不足的问题,在燃烧炉出口处设一台烟气引风机(图中虚线所示)。在磨制高挥发分烟煤时,为控制制粉系统内氧气含量,要减少冷风兑入量或不兑冷风,而使用热风炉烟道废气进行调温,热风炉烟道废气由引风机2抽出,通过切断阀5与燃烧炉产生的烟气混合。若热风炉的废气量充足,且其温度又能满足磨煤机的要求,也可取消燃烧炉,以简化工艺流程。但实际生产中由于热风炉废气温度波动较大,因此,一般都保留了燃烧炉。

7.3.2　主要设备

7.3.2.1　燃烧炉

燃烧炉由炉体、烧嘴、进风门、送风阀、混风阀、烟囱及助燃风机组成。炉膛内不砌蓄热砖,只设花格挡火墙。

烧嘴分为有焰烧嘴和无焰烧嘴两种。有焰烧嘴又分扩散式、大气式和低压

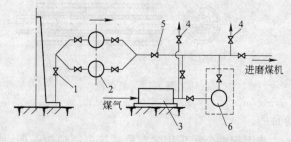

图 7-20　热烟气系统工艺流程

1—调节阀;2—引风机;3—燃烧炉;

4—烟囱阀;5—切断阀;6—烟气引风机

式；无焰烧嘴有高压喷射式，此种烧嘴不宜在煤气压力低和炉膛容积小的条件下使用。

烟囱设在炉子出口端，其顶端设有盖板阀。由于制粉系统的磨煤机启动频繁，并有突然切断热烟气的可能，因此，该阀是燃烧炉的主要设备。燃烧炉的烟囱应具有足够的排气能力和产生炉膛负压的能力。

宝钢 1 号高炉的燃烧炉是从德国 Loesche 公司引进的两台 LOMA 烟气升温炉。它由多喷头烧嘴、带衬砖的燃烧室和带多孔板内套的混合室组成。点火烧嘴燃料用焦炉煤气、主烧嘴燃料用高炉煤气。总热负荷可达 $14 \times 10^6 kJ/h$。它具有结构紧凑、体积小；本体蓄热量小，可快速启动和停机；燃烧充分、热效率高等优点，与国产相同容量的炉子相比，价格相差不多。

7.3.2.2　助燃风机

助燃风机为煤气燃烧提供助燃空气，一般选用离心风机，空气量的调节通过改变进风口插板开度或改变风机转速来实现。

7.3.2.3　引风机

热风炉烟道引风机和燃烧炉烟气引风机均需采用耐热型的，但耐热能力有限，故引风机只能在烟气温度不高于 300℃ 的情况下工作。

7.4　喷煤技术的发展

7.4.1　喷煤技术进步

高炉实际应用喷煤技术始于 20 世纪 60 年代，但由于受能源价格因素的影响，喷煤技术并没有得到大的发展。70 年代末，发生了第二次石油危机，世界范围内高炉停止喷油。为了避免全焦操作，大量的高炉开始喷煤，喷煤成为高炉调剂和降低成本的手段。进入 90 年代，西欧、美国和日本的一批焦炉开始老化，由于环保及投资等原因，很难新建和改造焦炉。为保持原有的钢铁生产能力，必须大幅度降低焦炭消耗。喷煤已不仅是高炉调剂和降低成本的手段，也是弥补焦炭不足，从而不新建焦炉的战略性技术。另外，全世界炼焦用煤资源日益短缺，在世界范围内大量喷煤，用煤粉代替焦炭就成为高炉技术发展的必然趋势，并且发展速度越来越快。喷煤技术的进步主要体现在以下几方面：

(1) 喷煤设备大型化和装备水平的提高。现代高炉炼铁技术进步的特点之一是不断提高生产率，喷吹更多煤粉，大幅度降低焦比。欧洲高炉的煤比每吨铁已突破 200kg，焦比降至每吨铁 300kg 左右，正向煤比 250kg，焦比 250kg 的目标迈进。我国宝钢高炉喷吹煤比每吨铁已实现 295kg，进入世界先进行列。喷吹煤粉绝对量的增大，要求喷煤设备大型化和提高装备水平。喷煤设备装备水平的提高集中表现在喷煤自动控制及计量和调节精度方面。喷煤量可以按照高炉要求自动调节，喷煤量计量精度可以控制在 1% 误差范围内，各风口喷吹煤粉的均匀性控制在 3% 的误差范围内。

(2) 高炉富氧喷煤。富氧喷煤是实现高炉生产稳产、高产、优质、低耗的必备手段，是高炉炼铁技术进步的重要标志。高炉富氧和喷吹煤粉是互为条件、互为依存的。喷煤量增加到一定程度，需要用氧气促进煤粉燃烧，以提高煤焦置换比和保证高炉顺行。实践证明，当风温 1000℃ 时，在不富氧的条件下，煤粉喷吹量每吨铁不宜超过 100kg，否则，煤粉不能完全燃烧，引起煤焦置换比下降，并且可能引起高炉难行。相反，如果不喷吹煤粉，富氧使高炉风口前的理论燃烧温度过高，引起高炉不能顺行。只有富氧和喷煤相结合，才能大幅度提高产量，降低焦炭消耗。生产实践证明，高炉鼓风中富氧率每增加 1%，喷煤量每吨铁约增加 13kg，生铁产量增加 3%。国外大喷煤量高炉的用氧量已达到每吨铁 $40\sim70m^3$。

（3）喷吹烟煤或烟煤与无烟煤混合喷吹。我国长期喷吹无烟煤，其优点是含碳量高，挥发分低，喷吹安全。但是不易燃烧，煤质硬，制粉能耗高；随着无烟煤储藏量的减少，无烟煤质量逐年下降，灰分含量增多，使得煤焦置换比降低，高炉冶炼的渣量增大，不利于高炉生产。改喷烟煤，扩大了喷煤煤种，从煤的储量及分布看，烟煤储量较多，分布较广，保证了充足的喷煤资源。烟煤挥发分高，燃烧性能好，含氢量高，有利于高炉顺行，并且煤质软，易磨碎，制粉能耗低。但是喷吹烟煤时，特别是喷吹高挥发分、强爆炸性烟煤时，安全性差，易爆易燃，必须采取相应的安全保护措施。目前我国喷吹烟煤技术已经成熟。国外喷吹用烟煤的挥发分在 30% 左右，甚至更高，灰分小于 10%。

目前我国部分高炉采用烟煤和无烟煤混合喷吹技术取得了良好的效果，表现为燃烧率明显提高，置换比上升。生产实践表明，无烟煤中配加一定比率的烟煤后，其燃烧率明显提高。

（4）浓相输送。高炉喷煤采用气力输送，按单位气体载运煤粉量的多少，可分为稀相输送和浓相输送。浓相输送的特点是单位气体载运的煤粉量大，或者说输送单位煤粉消耗的气体量小，管径细，输送速度较低。气力输送过程中，一般稀相输送的速度在 20m/s 以上，而浓相输送的速度则小于 10m/s。由于煤粉流速的降低，对管道及设备的磨损会大大减小。

7.4.2　浓相输送

近年来浓相输送技术在国内外高炉喷煤系统中得到迅速推广，大体上可分为单管路系统和多管路系统。单管路系统按供料方式又有流化罐和可调给料器两种；多管路系统又可分为在喷吹罐设一个大流化罐，上设若干支管直接将煤粉输送到各风口，或者在喷吹罐下再分设若干小流化罐，小流化罐数与风口数相同，负责向高炉风口喷煤。

7.4.2.1　浓相输送特征

浓相输送是先将喷吹罐下部的煤粉通过流化床进行流态化，再在罐压作用下输送到高炉风口。流化床由多孔材料构成，具有一定的透气性。按照煤粉的物理性质——密度、粒度等从流化床下部吹入一定气体后，使流化床上部的煤粉开始"悬浮"起来，形成气固两相混合流，这时通过流化床的气流速度称为临界流化速度。高炉喷吹的煤粉，粒度一般小于 0.074mm 占 80% 以上，临界流化速度为 0.1m/s 左右。将通过流化床的气流速度继续增大，直到将煤粉悬浮起来，这时的气体流速称为煤粉的悬浮速度。如果再增加气流速度，超过煤粉的悬浮速度后，则部分煤粉被吹出，因气体流量增加，单位体积内煤粉的浓度降低，这时则成为稀相输送。因此，实现浓相输送的适宜气流速度应是大于临界流化速度且小于煤粉的悬浮速度。

但是，在气力输送过程中，还要克服煤粉颗粒间摩擦、煤粉颗粒与管壁间的摩擦阻力等，另外，在输送管中由于气流沿管径分布不均匀，管壁附近存在边界层，因而在输送煤粉时所需的实际气流速度比煤粉的悬浮速度大几十倍。一般在浓相输送时，煤粉在水平管道中的输送速度为 $4\sim7m/s$。

稀相输送与浓相输送在管道中的输送形态有很大差别。稀相输送时煤粉均匀地分布在气流中，煤粉沿管道断面均匀分布呈悬浮状态；而浓相输送时，由于气体流速低，单位体积内煤粉浓度高，形成输送管道下部煤粉较多，上部较少，但没有停滞现象，由于煤粉粒度又不很均匀，较大颗粒的煤粉主要在管底流动，这种现象称为底密悬浮流动。在实验室内用透明的塑料管输送时，可以明显地看到底密悬浮流动现象。另一个差别是：在稀相输送时，煤粉与气流速度基本一致，是一种均匀流动；而浓相输送的底密悬浮流动与气流速度不一致，一般煤粉流动速度仅为气流速度的 1/2 左右。

浓相输送按出料口在喷吹罐的位置不同，可以分为上出料式和下出料式两种，上出料方式输送较稳定。

7.4.2.2 影响浓相输送的因素

(1) 输送浓度与输送压力。浓相输送时输送管道中的压力损失（Δp）可由下式计算

$$\Delta p = (\lambda_g + m\lambda_s) \frac{L}{D} \frac{v^2}{2} \rho_g \tag{7-3}$$

式中　λ_g——气体的摩擦阻力系数；

　　　m——固气混合比；

　　　λ_s——煤粉的附加摩擦阻力系数；

　　　L——输送管长度；

　　　D——输送管径；

　　　v——气流的平均速度；

　　　ρ_g——气体的平均密度。

由上式可以看出，输送浓度越高，即 m 越大，Δp 越大，要求喷吹罐的压力越高。

(2) 输送距离与混合比。由上式可知，输送管道越长，Δp 越大，因为罐压只能在一定范围内升降，因此增大输送距离，会降低输送浓度。

(3) 输送管径与混合比。一般浓相输送要求输送管径不宜太大，应比稀相输送小。因为单位煤粉所需载气量较少，但是如果管径太小，容易造成管道堵塞。根据实验不发生管道堵塞的条件是：

$$m \leqslant 0.41 \left(\frac{Fr}{10} \right)^3 \tag{7-4}$$

式中　Fr——弗劳德准数（$Fr = v / \sqrt{gD}$）；

　　　v——输送速度；

　　　g——重力加速度；

　　　D——输送管道直径。

7.4.3 烟煤喷吹的安全措施

7.4.3.1 煤粉爆炸的条件

与喷吹无烟煤相比，喷吹烟煤的最大优点是煤粉中挥发分含量高，在高炉风口区燃烧的热效率高，但其安全性较差。喷吹烟煤的关键是防止煤粉爆炸。产生爆炸的基本条件有：

(1) 必须具备一定的含氧量。煤粉在容器内燃烧后体积膨胀，压力升高，其压力超过容器的抗压能力时容器爆炸。容器内氧浓度越高，越有利于煤粉燃烧，爆炸力越大。控制含氧量即可控制助燃条件，即控制煤粉爆炸的条件。因此，喷吹烟煤时，必须严格控制气氛中的含氧量。至于含氧量控制在什么范围才安全，目前有两种意见，一种认为控制在 15% 以下；另一种则认为控制在 10% 以下。因为煤粉爆炸的气氛条件还与烟煤本身的特性——

挥发分多少、煤粉粒度组成及混合浓度的高低等有关，故只能针对特定的煤种，在模拟实际生产的条件下进行试验，来确定该煤粉的临界含氧量。实际生产可取临界含氧量的0.8倍作为安全含氧量。

（2）一定的煤粉悬浮浓度。试验证明，煤粉在气体中的悬浮浓度达到一个适宜值时才可能发生爆炸，高于或低于此值时均无爆炸可能。发生爆炸的适宜浓度值随着烟煤的成分组成、煤粉粒度组成以及气体含氧量的不同而改变，这些数值需要由试验得出。由于实际生产的情况错综复杂，煤粉的悬浮浓度一般无法控制，因此要消除这一爆炸条件是极为困难的。

（3）煤粉温度达到着火点。烟煤煤粉沉积后逐步氧化、升温以及外来火源都是引爆条件，彻底消除火源即可排除爆炸的可能性。

以上3个条件必须同时具备，否则煤粉就不会爆炸。实际生产中应该采取一系列必要的措施，防止煤粉爆炸的发生。

7.4.3.2　高炉喷吹烟煤的安全措施

喷吹烟煤的关键是防止煤粉爆炸，烟煤爆炸具有上述3个必要条件，只要消除其中一个即可达到安全运行。由于实际生产条件多变，影响安全生产的因素很多，有些因素难以预计。并且当一个条件变化时常常会引起其它条件的变化，因此，对所有能够控制的条件都应该重视和调节。

（1）控制系统气氛。磨煤机所需的干燥气一般多采用热风炉烟道废气与燃烧炉热烟气的混合气体。为了控制干燥气的含氧量，必须及时调节废气量和燃烧炉的燃烧状况，减少兑入冷风量，防止制粉系统漏风。严格控制系统的氧含量在8%～10%。分别在磨煤机干燥气入口管、气箱式脉冲袋式收粉器出口管处设置氧含量和一氧化碳含量的检测装置，达到上限时报警，达到上上限时，系统各处消防充氮阀自动打开，向系统充入氮气。布袋收粉器的脉冲气源一般采用氮气，氮气用量应能够根据需要进行调节。在布袋箱体密封不严的情况下，若氮气压力偏低，则空气被吸入箱体内会提高氧的含量，反之，氮气外溢可能使人窒息。喷吹罐补气气源、充压、流化气源采用氮气，喷吹煤粉的载气使用压缩空气。实际生产中应重视混合器、喷吹管、分配器及喷枪的畅通，否则，喷吹用载气会经喷嘴倒灌入罐内，使喷吹罐内的氧含量增加。在处理煤粉堵塞和磨煤机满煤故障时，使用氮气，严禁使用压缩空气。

（2）设计时要避免死角，防止积粉，如煤粉仓锥形部分倾角应大于70°，或设计为双曲线形煤粉仓。在煤粉仓、中间罐、喷吹罐下部设流化装置。

（3）综合喷吹。可以采取烟煤和无烟煤混合喷吹技术，这样可以降低煤粉中挥发分的含量，各种煤的配比，应根据煤种和煤质特性经过试验而定。若制粉和喷吹工艺条件允许，可在煤粉中加入高炉冶炼所需要的其它粉料，如铁矿粉、石灰石粉、焦粉和炼钢炉尘等，加入这些粉料对烟煤爆炸起着极为明显的抑制作用。

（4）控制煤粉温度。严格控制磨煤机入口干燥气温度不超过250～290℃及其出口温度不超过90℃。在其它各关键部位，如收粉装置煤粉斗、煤粉仓、中间罐、喷吹罐等都设有温度检测装置。当各点温度达到上限时报警，达到上上限时，系统各处消防充氮阀自动打开，向系统充入氮气。

（5）设备和管道采取防静电措施。管道、阀门及软连接处设防静电接地线，布袋选用防静电滤袋。

（6）喷煤管道设自动切断阀，当喷吹压力低时自动切断阀门，停止喷煤。

另外，系统还应设置消防水泵站和消防水管路系统。各层平台均应有消防器材和火灾报警装置。

8 高炉煤气处理系统

高炉冶炼过程中，从炉顶排出大量煤气，其中含有 CO、H_2、CH_4 等可燃气体，可以作为热风炉、焦炉、加热炉等的燃料。但是由高炉炉顶排出的煤气温度为 150～300℃，标态含有粉尘约 40～100g/m^3。如果直接使用，会堵塞管道，并且会引起热风炉和燃烧器等耐火砖衬的侵蚀破坏。因此，高炉煤气必须除尘后才能作为燃料使用。

煤气除尘设备分为湿法除尘和干法除尘两种。

湿法除尘常采用洗涤塔—文氏管—脱水器系统，或一级文氏管—脱水器—二级文氏管—脱水器系统。高压高炉还须经过调压阀组—消音器—快速水封阀或插板阀，常压高炉当炉顶压力过低时，需增设电除尘器，经过湿法净化系统后，煤气含尘量可降到小于 10mg/m^3，温度从 150～300℃降到 35～55℃左右，湿法净化系统流程如图 8-1 所示。

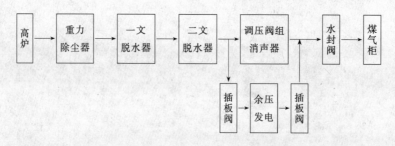

图 8-1　湿法净化系统流程图

干法除尘有两种，一种是用耐热尼龙布袋除尘器（BDC），另一种是用干式电除尘器（EP）。为确保 BDC 入口最高温度小于 240℃，EP 入口最高温度小于 350℃，在重力除尘器加温控制装置或在重力除尘器后设蓄热缓冲器。当高炉开炉时、高炉休风、复风前后以及干式净化设备出现故障时，需要用并联的湿法系统净化，此时由图 8-2 中两蝶阀切换系统完成。经过干法净化系统煤气含尘量可降到小于 5mg/m^3，在干式除尘后采用水喷雾冷却装置使煤气温度降到余压发电机组（TRT）入口的允许温度 125～175℃，TRT 出口煤气需要经洗净塔脱除煤气中的氯离子，以免对管道腐蚀，同时温度降至40℃饱和温度。

评价煤气除尘设备的主要指标：

（1）生产能力。生产能力是指单位时间处理的煤气量，一般用每小时所通过的标准状态的煤气体积流量来表示。

（2）除尘效率。除尘效率是指标准状态下单位体积的煤气通过除尘设备后所捕集下来的灰尘重量占除尘前所含灰尘重量的百分数。可用下式计算：

$$\eta = \frac{m_1 - m_2}{m_1} \times 100\%$$

(8-1)

式中 η——除尘效率,%;

m_1、m_2——入口和出口煤气标态含尘量,g/m³ 或 mg/m³。

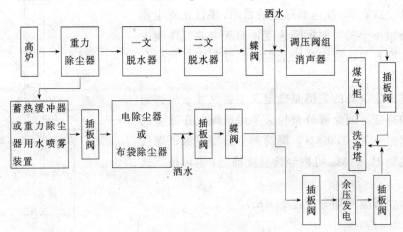

图 8-2 干法净化系统流程图

用这个公式来表示除尘效率是很不严格的,因为它没有说明灰尘粒径的大小及灰尘的物理性质。因此,对于不同粒径和不同物理性质的灰尘是不能用这个公式来加以比较的。各种除尘设备对不同粒径灰尘的除尘效率见表 8-1。

表 8-1 部分除尘设备的除尘效率

除尘器名称	除尘效率/%		
	灰尘粒度,≥50μm	灰尘粒度,5~50μm	灰尘粒度,1~5μm
重力除尘器	95	26	3
旋风除尘器	96	73	27
洗涤塔	99	94	55
湿式电除尘器	>99	98	92
文氏管	100	99	97
布袋除尘器	100	99	99

(3)压力降。压力降是指煤气压力能在除尘设备内的损失,以入口和出口的压力差表示。

(4)水的消耗和电能消耗。水、电消耗一般以每处理 1000m³ 标态煤气所消耗的水量和电量表示。

评价除尘设备性能的优劣,应综合考虑以上指标。对高炉煤气除尘的要求是生产能力大、除尘效率高、压力损失小、耗水量和耗电量低、密封性好等。

8.1 煤气除尘设备及原理

8.1.1 粗除尘设备

粗除尘设备包括重力除尘器和旋风除尘器。

8.1.1.1 重力除尘器

重力除尘器是高炉煤气除尘系统中应用最广泛的一种除尘设备,其基本结构见图 8-3,

其除尘原理是煤气经中心导入管后,由于气流突然转向,流速突然降低,煤气中的灰尘颗粒在惯性力和重力作用下沉降到除尘器底部。欲达到除尘的目的,煤气在除尘器内的流速必须小于灰尘的沉降速度,而灰尘的沉降速度与灰尘的粒度有关。荒煤气中灰尘的粒度与原料状况及炉顶压力有关。

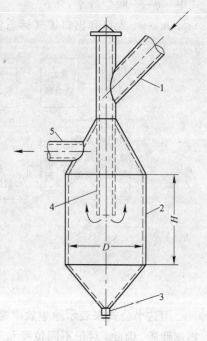

设计重力除尘器的关键是确定其主要尺寸——圆筒部分直径和高度,圆筒部分直径必须保证煤气在除尘器内流速不超过 0.6~1.0m/s,圆筒部分高度应保证煤气停留时间达到 12~15s。可按经验直接确定,也可按下式计算:

重力除尘器圆筒部分直径 D (m):

$$D = 1.13 \sqrt{\frac{Q}{v}} \qquad (8\text{-}2)$$

式中 Q——煤气流量,m³/s;

　　v——煤气在圆筒内的速度,约 0.6~1.0m/s。高压操作取高值。

除尘器圆筒部分高度 H (m):

$$H = \frac{Qt}{F} \qquad (8\text{-}3)$$

图 8-3 重力除尘器
1—煤气下降管;2—除尘器;3—清灰口;
4—中心导入管;5—塔前管

式中 t——煤气在圆筒部分停留时间,一般 12~15s,大高炉取低值;

　　F——除尘器截面积,m²。

计算出圆筒部分直径和高度后,再校核其高径比 H/D,其值一般在 1.00~1.50 之间,大高炉取低值。

除尘器中心导入管可以是直圆筒状,也可以做成喇叭状,中心导入管以下高度取决于贮灰体积,一般应满足 3 天的贮灰量。除尘器内的灰尘颗粒干燥而且细小,排灰时极易飞扬,严重影响劳动条件并污染周围环境,目前多采用螺旋清灰器排灰,改善了清灰条件。螺旋清灰器的构造见图 8-4。

通常,重力除尘器可以除去粒度大于 30μm 的灰尘颗粒,除尘效率可达到 80%,出口煤气含尘可降到 2~10g/m³,阻力损失较小,一般为 50~200Pa。

8.1.1.2 旋风除尘器

旋风除尘器的工作原理见图 8-5。含尘煤气以 10~20m/s 的标态流速从切线方向进入后,在煤气压力能的作用下产生回旋运动,灰尘颗粒在离心力作用下,被抛向器壁集积,并向下运动进入积灰器。

旋风除尘器一般采用 10mm 左右的普通钢板焊制而成,上部为圆筒形,下部为圆锥形,其顶部的中央为圆形出口。煤气由顶部一侧的矩形断面进气管引入。矩形管断面积一般按气流速度 14~20m/s 计算确定。圆筒部分的高度一般与圆筒直径接近,锥体部分的长度一般为圆筒部分直径的 2.5 倍。顶部排气管通常插入到除尘器的圆筒内,与圆筒壁构成气流的环形通道。环形通道越小,气流速度越大,除尘效率越高,但气流阻损增加。一般出口

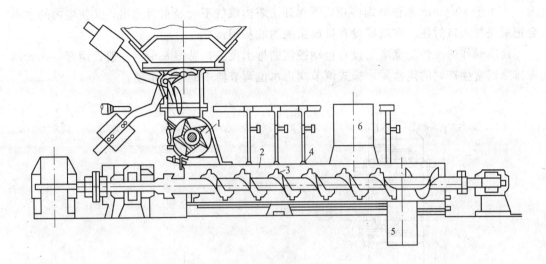

图 8-4 螺旋清灰器

1—筒形给料器；2—出灰槽；3—螺旋推进器；4—喷嘴；5—水和灰泥的出口；6—排气管

管直径为除尘器圆筒直径的 40%～50%。出口管插入除尘器的深度越小，气流阻损越小，但最低也要低于进气口的下沿，以避免气流短路，降低除尘效率；最大插入深度不能与圆锥部分的上沿在同一平面，以免影响气流运动。

旋风除尘器可以除去大于 $20\mu m$ 的粉尘颗粒，压力损失较大，为 $500～1500Pa$，因此，高压操作的高炉一般不用旋风除尘器，只是在常压高炉和冶炼铁合金的高炉还有使用旋风除尘器的。

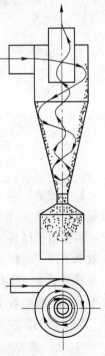

8.1.2 半精细除尘设备

半精细除尘设备设在粗除尘设备之后，用来除去粗除尘设备不能沉降的细颗粒粉尘。主要有洗涤塔和溢流文氏管，一般可将煤气标态含尘量降至 $800mg/m^3$ 以下。

8.1.2.1 洗涤塔

洗涤塔属于湿法除尘，结构原理见图 8-6a，外壳由 $8～16mm$ 钢板焊成，内设 3 层喷水管，每层都设有均布的喷头，最上层逆气流方向喷水，喷水量占总水量的 50%，下面两层则顺气流方向喷水，喷水量各占 25%，这样不致造成过大的煤气阻力且除尘效率较高。喷头呈渐开线型，喷出的水呈伞状细小雾滴并与灰尘相碰，灰尘被浸润后沉降塔底，再经水封排出。当含尘煤气穿过水雾层时，煤气与水还进行热交换，使煤气温度降至 $40℃$ 以下，从而降低煤气中的饱和水含量。

为使煤气流在塔内分布均匀，在洗涤塔的下部设有 $2～3$ 层相互错开一定角度的煤气分配板，煤气分配板由弧形钢板构成。

洗涤塔的排水机构，常压高炉可采用水封排水，水封高度应与煤气压力相适应，不小于 $3000mm$ 水柱，见图 8-6b。当塔内煤气压力加上洗涤水的静压力超过 $3000mm$ 水柱时，就会有水不断从排水管排

图 8-5 旋风除尘器

出；当小于 3000mm 水柱时则停止，既保证了塔内煤气不会经水封逸出，又使塔内的水不会把荒煤气入口封住。在塔底设有排放淤泥的放灰阀。

高压操作的高炉洗涤塔上设有自动控制的排水设备，见图 8-6c。一般设两套，每套都能排除正常生产时的用水量，蝶式调节阀由水位调节器中的浮标牵动。

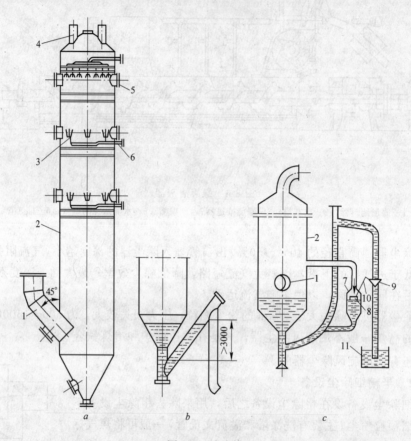

图 8-6　洗涤塔

a—空心洗涤塔；b—常压洗涤塔水封装置；c—高压煤气洗涤塔的水封装置

1—煤气导入管；2—洗涤塔外壳；3—喷嘴；4—煤气导出管；5—人孔；6—给水管；

7—水位调节器；8—浮标；9—蝶式调节阀；10—连杆；11—排水沟

影响洗涤塔除尘效率的主要因素是水的消耗量、水的雾化程度和煤气流速。一般是耗水量越大，除尘效率越高。水的雾化程度应与煤气流速相适应，水滴过小，会影响除尘效率，甚至由于过高的煤气流速和过小的雾化水滴会使已捕集到灰尘的水滴被吹出塔外，除尘效率下降。为防止载尘水滴被煤气流带出塔外，可以在洗涤塔上部设置挡水板，将载尘水滴捕集下来。根据试验，洗涤塔的水滴直径为 $500 \sim 1000 \mu m$ 时，与不同粒径的灰尘碰撞效率最高，除尘效率也最高，可见，在洗涤塔中不需要非常细的雾滴。

洗涤塔的除尘效率可达 80%～85%，压力损失 80～200Pa，1000m³ 标态煤气耗水量 4.0～4.5t，喷水压力为 0.1～0.15MPa。

8.1.2.2　溢流文氏管

溢流文氏管结构见图 8-7，它由煤气入口管、溢流水箱、收缩管、喉口和扩张管等组成。

工作时溢流水箱的水不断沿溢流口流入收缩段，保持收缩段至喉口连续地存在一层水膜，当高速煤气流通过喉口时与水激烈冲击，使水雾化，雾化水与煤气充分接触，使粉尘颗粒湿润聚合并随水排出，并起到降低煤气温度的作用。其排水机构与洗涤塔相同。

溢流文氏管与洗涤塔比较，具有结构简单、体积小的优点，可节省钢材 50%～60%，但阻力损失大，约 1500～3000Pa。溢流文氏管主要设计参数见表 8-2，喉口直径不大于 500mm，其断面为圆形，如需扩大断面，可采用矩形或椭圆形断面，为了提高溢流文氏管除尘效率，也可采用调径文氏管。

8.1.3 精细除尘设备

高炉煤气经粗除尘和半精细除尘之后，尚含有少量粒度更细的粉尘，需要进一步精细除尘之后才可以使用。精细除尘的主要设备有文氏管、布袋除尘器和电除尘器等。精细除尘后标态煤气含尘量小于 10mg/m³。

8.1.3.1 文氏管

文氏管由收缩管、喉口、扩张管三部分组成，一般在收缩管前设两层喷水管，在收缩管中心设一个喷嘴。

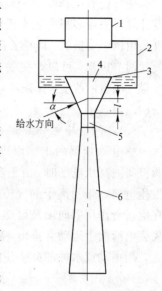

图 8-7 溢流文氏管示意图
1—煤气入口；2—溢流水箱；
3—溢流口；4—收缩管；
5—喉口；6—扩张管

文氏管除尘原理与溢流文氏管相同，只是通过喉口部位的煤气流速更大，气体对水的冲击更加激烈，水的雾化更加充分，可以使更细的粉尘颗粒得以湿润凝聚并与煤气分离。

表 8-2 溢流文氏管主要设计参数

收缩角	扩张角	喉口长度/mm	喉口流速/m·s⁻¹	喷水量/t·km⁻³	溢流水量/t·km⁻³
20°～25°	6°～7°	300	50～70	3.5～4.0	0.5

文氏管的除尘效率与喉口处煤气流速和耗水量有关，当耗水量一定时，喉口流速越高则除尘效率越高；当喉口流速一定时，耗水量多，除尘效率也相应提高。但喉口流速不能过分提高，因为喉口流速提高会带来阻力损失的增加。精细除尘文氏管结构参数见表 8-3。

表 8-3 文氏管主要设计参数

收缩角	扩张角	喉口部位 L/d	喉口流速/m·s⁻¹	压力损失/Pa	耗水量/t·km⁻³
20°～25°	6°～7°	1	90～120	(8～10)×10³	0.5～1.0

由于文氏管压力损失较大，适用于高压高炉，文氏管串联使用可以使标态煤气含尘量降至 5mg/m³ 以下。

由于高炉冶炼条件时有变化，从而使煤气量发生波动，这将影响到文氏管正常工作。为了保证文氏管工作稳定和较高的除尘效率，设计时可采用多根异径文氏管并联使用，也可采用调径文氏管。调径文氏管在喉口部位设置调节机构，可以改变喉口断面积，以适应煤气流量的改变，保证喉口流速恒定和较高的除尘效率。

8.1.3.2　静电除尘器

静电除尘器的工作原理是当气体通过两极间的高压电场时，由于产生电晕现象而发生电离，带阴离子的气体聚集在粉尘上，在电场力作用下向阳极运动，在阳极上气体失去电荷向上运动并排出，灰尘沉积在阳极上，用振动或水冲的办法使其脱离阳极。

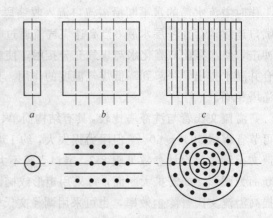

图 8-8　静电除尘器结构形式图
a—单管式；b—板式；c—套筒式

静电除尘器电极形式有平板式和管式两种，通常称负极为电晕极，正极为沉淀极。其结构形式有管式、套筒式和平板式 3 种类型，如图 8-8 所示。沉淀极用钢板制成，电晕极由紫铜（或黄铜）线（或片）组成，其形状有圆形（$\phi 3.5 \sim 4.5mm$）、星片形和芒刺形。套筒式静电除尘器各层的间距为 $180 \sim 200mm$，平板式各钢板间距为 $170 \sim 180mm$。

静电除尘器由煤气入口、煤气分配设备、电晕极与沉淀极、冲洗设备、高压瓷瓶绝缘箱等构成，图 8-9 为 $5.5m^2$ 套筒式电除尘器结构示意图。

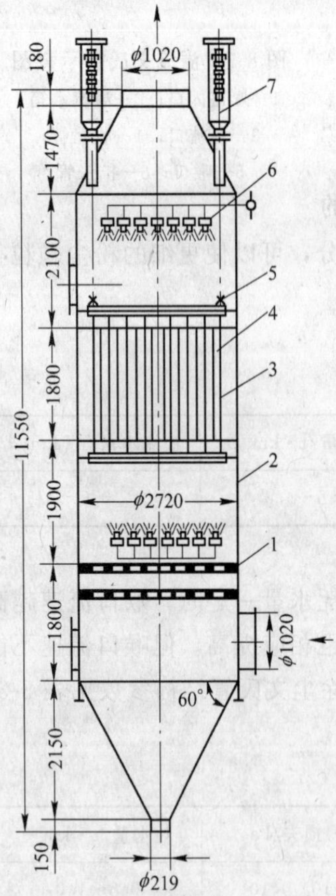

定期冲洗的设备是用 6 个半球形喷水嘴，均布在沉淀极上方。而连续冲洗设备则用溢流水槽，在沉淀极表面形成水膜。对板式、套筒式沉淀极则用水管向沉淀极表面连续喷水，在板面上形成水膜。

煤气分配设备是为煤气能均匀地分配到沉淀极之间而设置的。用导向叶片和配气格栅装在煤气入口处。

影响静电除尘器效率的因素有：

(1) 荷电尘粒的运动速度。即尘粒横穿气流移向沉淀极的平均速度，速度愈大除尘效率就愈高。增大电晕电流，增大了电场与荷电尘粒的相互作用力，加速了荷电尘粒向沉淀极的运动速度，可以使吸附于尘粒上的荷电量相应地增多。可以采用提高工作电压或降低临界电压的方法，增大电晕电流。通过改变电晕极的形状，可实现降低临界电压，如管式静电除尘器的电晕极，由圆导线改为星片后，临界电压由 39kV 左右降到 29kV；减小电晕线的直径也可以降低临界电压，但受到材料强度的限制。采用利于尖端放电的电晕极可发挥电风效应，电风可直接加速荷电尘粒向沉淀极的

图 8-9　$5.5m^2$ 套筒式电除尘器
1—分配板；2—外壳；3—电晕极；
4—沉淀极；5—框架；
6—连续冲洗喷嘴；7—绝缘箱

运动速度，电风又可使离子和尘粒的浓度趋于均匀，加速离子沉积于尘粒上的过程。

（2）沉淀极比表面积愈大除尘效率愈高。沉淀极比表面积是指在 1s 内净化 $1m^3$ 煤气所具有的沉淀极面积。

（3）煤气流速与入口煤气含尘量。煤气流速要适当，过大会影响荷电尘粒向沉淀极运动的速度，或把已沉积在沉淀极上的尘粒带走；过小则降低了生产效率，一般为 $1\sim1.2\,m/s$，如果煤气先经过文氏管处理，含尘量较低时流速可以提高到 $1.5\sim2.0m/s$。煤气含尘量不宜过多，否则会产生电晕闭塞现象，引起除尘效率下降。

（4）喷水冲洗沉淀极上的尘粒，可防止"反电晕"现象产生，以提高除尘效率。一般入口煤气含尘量少时，可定期冲洗，含尘量多时应连续冲洗。

（5）灰尘本身的性质和数量也影响着除尘效率。灰尘本身的导电性，影响它在沉淀极上失去电子的难易程度。导电性过高，易重新被煤气流带走，过低则会造成沉淀极堆积。煤气的湿度和温度直接影响灰尘的导电性。

电除尘器是一种高效率除尘设备，可将煤气含尘量降至 $5mg/m^3$ 以下，除尘效果不受高炉操作条件的影响，压力损失小，但是一次投资高。

8.1.3.3 布袋除尘器

布袋除尘器是过滤除尘，含尘煤气流通过布袋时，灰尘被截留在纤维体上，而气体通过布袋继续运动，属于干法除尘，可以省去脱水设备，投资较低，特别是对采用余压透平发电系统的高炉，干法布袋除尘的优点就更为突出，可以提高余压透平发电系统入口煤气温度和压力，提高能源回收效率。

布袋除尘器主要由箱体、布袋、清灰设备及反吹设备等构成，见图 8-10。

布袋除尘器在工作过程中，当布袋清洁时，起截留作用的主要是纤维体。随着纤维体上灰尘的不断增加，部分灰尘嵌入到布袋纤维体内，部分灰尘在布袋表面上形成一层灰尘，这时煤气流中的灰尘被截留主要是靠灰尘层来完成的。所以，布袋清洁时，除尘效率低，阻损小；当布袋脏时，除尘效率高，但阻损也高。因此，当煤气流通过布袋除尘器的压力降达到规定值时需要进行反吹清灰，以降低煤气流的压力降。

布袋除尘器的总过滤面积可以根据布袋可能承受的过滤负荷进行计算。过滤负荷是指每平方米布袋每小时允许过滤的煤气量。布袋总面积按下式计算：

$$A = \frac{Q}{i} \qquad (8\text{-}4)$$

式中　A——除尘器总过滤面积，m^2；

　　　Q——除尘器过滤煤气总流量，m^3/h；

　　　i——布袋允许的过滤负荷，一般取 $30\sim35$ 　　　　$m^3/m^2\cdot h$。

除尘器总过滤面积除以每条布袋的表面积，即可求出布袋的总条数。布袋除尘器需要设置的箱体个数和每个箱体内布袋的条数要统筹考虑。

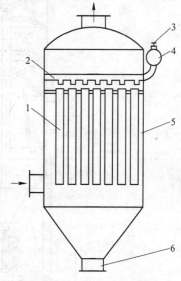

图 8-10　布袋除尘器示意图
1—布袋；2—反吹管；3—脉冲阀；
4—脉冲气包；5—箱体；6—排灰口

布袋除尘器箱体由钢板焊制而成，箱体截面为圆筒形或矩形，箱体下部为锥形集灰斗，水平倾斜角应大于 60°，以便于清灰时灰尘下滑排出。集灰斗下部设置螺旋清灰器，定期将集灰排出。

采用布袋除尘器，需要解决的主要问题是进一步改进布袋材质，延长布袋使用寿命，准确监测布袋破损，以及控制进入布袋除尘器的煤气温度及湿度等。

8.2　脱水器

清洗除尘后的煤气含有大量细颗粒水滴，而且水滴吸附有尘泥，这些水滴必须除去，否则会降低净煤气的发热值，腐蚀和堵塞煤气管道，降低除尘效果。因此，在煤气除尘系统精细除尘设备之后设有脱水器，又称灰泥捕集器，使净煤气中吸附有粉尘的水滴从煤气中分离出来。

高炉煤气除尘系统常用的脱水器有重力式脱水器、挡板式脱水器和填料式脱水器等。

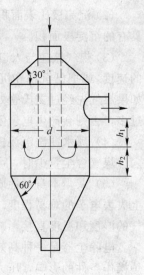

图 8-11　重力式脱水器

8.2.1　重力式脱水器

重力式脱水器示意图如图 8-11 所示。其工作原理是气流进入脱水器后，由于气流流速和方向的突然改变，气流中吸附有尘泥的水滴在重力和惯性力作用下沉降，与气流分离。煤

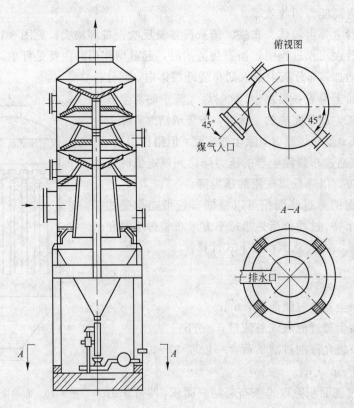

图 8-12　挡板式脱水器

气在重力脱水器内标态流速为 4～6m/s，进口煤气流速 15～20m/s。其特点是结构简单，不易堵塞，但脱泥、脱水的效率不高。它通常安装在文氏管后。

8.2.2 挡板式脱水器

挡板式脱水器结构如图 8-12 所示。挡板式脱水器一般设在调压阀组之后，煤气从切线方向进入后，经曲折挡板回路，尘泥在离心力和重力作用下与挡板、器壁接触被吸附在挡板和器壁上、积聚并向下流动而被除去。煤气入口标态速度为 12m/s，筒内速度为 4m/s。

8.2.3 填料式脱水器

填料式脱水器结构见图 8-13。其脱水原理是靠煤气流中的水滴与填料相撞失去动能，从而使水滴与气流分离。一般设二层填料，每层厚 0.5m，填料层内填充塑料环，每个塑料环的表面积为 0.0261m²，填充密度为 3600 个/m³，每层塑料环层压力损失为 0.5kPa。填料式脱水器作为最后一级脱水设备，其脱水效率为 85%。

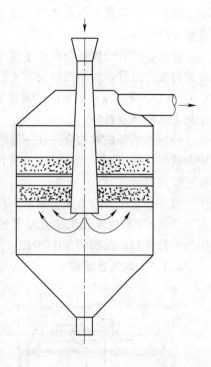

图 8-13 填料式脱水器

8.3 煤气除尘系统附属设备

8.3.1 粗煤气管道

高炉煤气由炉顶封板（炉头）引出，经导出管、上升管、下降管进入重力除尘器，如图 8-14 所示。从粗除尘设备到半精细除尘设备之间的煤气管道称为荒煤气管道，从半精细

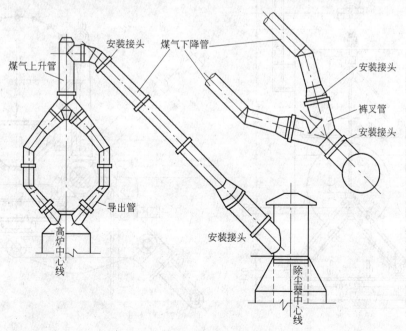

图 8-14 高炉炉顶煤气管道

除尘设备到精细除尘设备之间的煤气管道称为半净煤气管道，精细除尘设备以后的煤气管道称为净煤气管道。

煤气导出管的设置应有利于煤气在炉喉截面上均匀分布，减少炉尘携出量。小型高炉设置两根导出管，大型高炉设有 4 根导出管，均匀分布在炉头处，总截面积大于炉喉截面积的 40％，煤气在导出管内的流速为 3~4m/s，导出管倾角应大于 50°，一般为 53°，以防止灰尘沉积堵塞管道。

导出管上部成对地合并在一起的垂直部分称为煤气上升管。煤气上升管的总截面积为炉喉截面积的 25％~35％，上升管内煤气流速为 5~7m/s。上升管的高度应能保证下降管有足够大的坡度。

由上升管通向重力除尘器的一段为煤气下降管，为了防止煤气灰尘在下降管内沉积堵塞管道，下降管内煤气流速应大于上升管内煤气流速，一般为 6~9m/s，或按下降管总截面积为上升管总截面积的 80％考虑，同时应保证下降管倾角大于 40°。

8.3.2 煤气遮断阀

煤气遮断阀设置在重力除尘器上部的圆筒形管道内，是一盘式阀，如图 8-15 所示。高炉正常生产时处于常通状态，阀盘提到虚线位置，煤气入口与重力除尘器的中心导入管相通。高炉休风时关闭，阀盘落下，将高炉与煤气除尘系统隔开。要求遮断阀的密封性能良好，开启时压力降要小。

8.3.3 煤气放散阀

煤气放散阀属于安全装置，设置在炉顶煤气上升管的顶端、除尘器的顶端和除尘系统煤气放

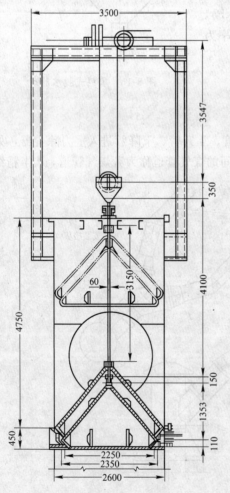

图 8-15 煤气遮断阀

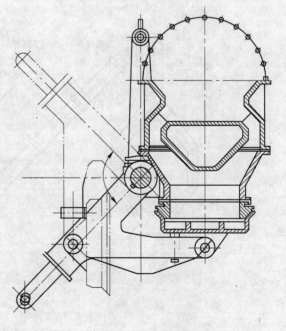

图 8-16 煤气放散阀

散管的顶端，为常关阀。当高炉休风时打开放散阀并通入水蒸气，将煤气驱入大气，操作时应注意不同位置的放散阀不能同时打开。对煤气放散阀的要求是密封性能良好，工作可靠，放散时噪声小。

大型高炉常采用揭盖式盘式阀，见图 8-16，阀盖和阀座接触处，加焊硬质合金，在阀壳内设有防止料块飞出的挡帽。

8.3.4　煤气切断阀

为了把高炉煤气清洗系统与钢铁联合企业的煤气管网隔开，在精细除尘设备后的净煤气管道上，设有煤气切断阀。

8.3.5　调压阀组

调压阀组又称减压阀组，是高压高炉煤气清洗系统中的减压装置，既控制高炉炉顶压

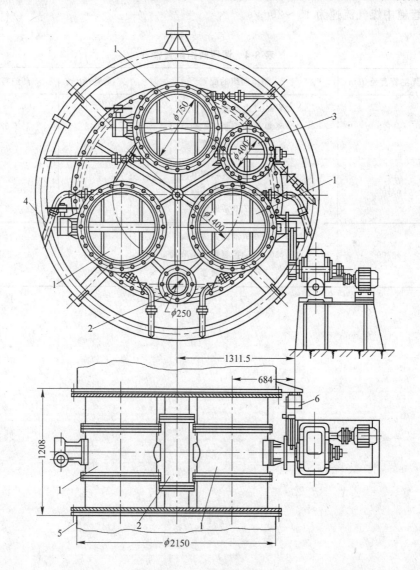

图 8-17　煤气调压阀组

1—电动蝶式调节阀；2—常通管；3—自动控制蝶式调节阀；4—给水管；5—煤气主管；6—终点开关

力，又确保净煤气总管压力为设定值。

　　调压阀组设置在煤气除尘系统二级文氏管之后，用来调节和控制高炉炉顶压力，其构造见图 8-17，阀组配置情况与煤气管道直径有关，详见表 8-4。以 $\phi2150mm$ 的煤气主管为例来说明调压阀组的组成，它由四个调节阀和一个常通管道。在断开的净煤气管道上用 5 根支管连通，其中 3 根内径为 $\phi750mm$ 的支管中设有电动蝶式调节阀，一根内径为 $\phi400mm$ 的支管中设有自动控制的电动蝶式调节阀，另一根内径为 $\phi250mm$ 的支管常通。当 3 个 $\phi750mm$ 的电动蝶式调节阀逐次关闭后，高炉进入高压操作，这时 $\phi400mm$ 的自动控制电动蝶式调节阀则不断变动其开启程度，来维持稳定的炉顶压力。$\phi400mm$ 自动控制蝶式调节阀用于细调，$\phi750mm$ 电动蝶式调节阀用于粗调或分挡调节，以实现不同的炉顶压力和高压、常压之间的转换，$\phi250mm$ 的常通管起安全保护作用。调压阀组后的煤气压力一般为 $20\sim35kPa$，管道中煤气流速为 $15\sim20m/s$。

表 8-4　调压阀组配置情况

序号	煤气主管直径/mm	调压阀组的配置	重量/kg	高炉容积/m³
1	$\phi1720$	3×$\phi600$ 电动蝶式调节阀 1×$\phi300$ 自动控制蝶式调节阀 1×$\phi250$ 常通管	4642	620
2	$\phi2150$	3×$\phi750$ 电动蝶式调节阀 1×$\phi400$ 自动控制蝶式调节阀 1×$\phi250$ 常通管	6142	1000~1500
3	$\phi2300$	4×$\phi600$ 电动蝶式调节阀 1×$\phi500$ 自动控制蝶式调节阀 1×$\phi250$ 常通管	9400	2516

9 渣铁处理系统

渣铁处理系统是高炉生产的重要环节，及时合理地处理好生铁和炉渣是保证高炉按时正常出铁、出渣，确保高炉顺行，实现高产、优质、低耗和改善环境的重要手段。

9.1 风口平台及出铁场设计

9.1.1 风口平台及出铁场

在高炉下部，沿高炉炉缸风口前设置的工作平台为风口平台。为了操作方便，风口平台一般比风口中心线低 1150～1250mm，应该平坦并且还要留有排水坡度，其操作面积随炉容大小而异。操作人员在这里可以通过风口观察炉况、更换风口、检查冷却设备、操纵一些阀门等。

出铁场是布置铁沟、安装炉前设备、进行出铁放渣操作的炉前工作平台。中小高炉一般只有一个出铁场，大型高炉铁口数目多时，可设 2～4 个出铁场。图 9-1 为宝钢 1 号高炉出铁场的平面布置。

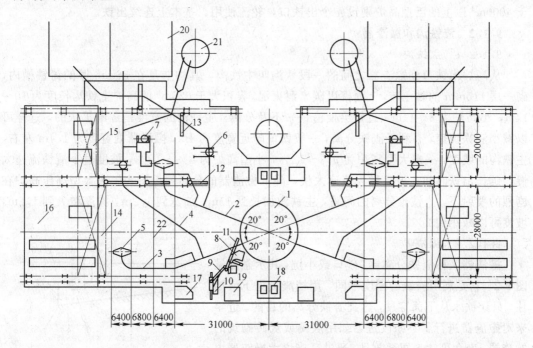

图 9-1　宝钢 1 号高炉出铁场的平面布置

1—高炉；2—活动主铁沟；3—支铁沟；4—渣沟；5—摆动溜嘴；6—残铁罐；7—残铁罐倾翻台；
8—泥炮；9—开铁口机；10—换钎机；11—铁口前悬臂吊；12—出铁场间悬臂吊；13—摆渡悬臂吊；
14—主跨吊车；15—副跨吊车；16—主沟、摆动溜嘴修补场；17—泥炮操作室；18—泥炮液压站；
19—电磁流量计室；20—干渣坑；21—水渣粗粒分离槽；22—鱼雷罐车停放线

宝钢 1 号高炉是 4063m³ 巨型高炉，出铁场可以处理干渣、水渣两种炉渣，设有两个对称的出铁场，4 个铁口，每个出铁场上布置两个出铁口。出铁场分为主跨和副跨，主跨跨度 28m，铁沟及摆动溜嘴布置在主跨；副跨跨度 20m，渣沟、残铁罐布置在副跨。每个出铁口都有两条专用的鱼雷罐车停放线，并且与出铁场垂直，这样可以缩短铁沟长度，减小铁沟维修工作量，减小铁水温度降。

出铁场一般比风口平台低约 1.5m。出铁场面积的大小，取决于渣铁沟的布置和炉前操作的需要。出铁场长度与铁沟流嘴数目及布置有关，而高度则要保证任何一个铁沟流嘴下沿不低于 4.8m，以便机车能够通过。根据炉前工作的特点，出铁场在主铁沟区域应保持平坦，其余部分可做成由中心向两侧和由铁口向端部随渣铁沟走向一致的坡度。

风口平台和出铁场的结构有两种：一种是实心的，两侧用石块砌筑挡土墙，中间填充卵石和砂子，以渗透表面积水，防止铁水流到潮湿地面上，造成"放炮"现象，这种结构常用于小高炉；另一种是架空的，它是支持在钢筋混凝土柱子上的预制钢筋混凝土板或直接捣制成的钢筋混凝土平台。下面可做仓库和存放沟泥、炮泥，上面填充 1.0~1.5m 厚的砂子。渣铁沟底面与楼板之间，为了绝热和防止渣铁沟下沉，一般要砌耐火砖或红砖基础层，最上面立砌一层红砖或废耐火砖。

出铁场布置形式有以下几种：1 个出铁口 1 个矩形出铁场、双出铁口 1 个矩形出铁场、3 个或 4 个出铁口两个矩形出铁场和 4 个出铁口圆形出铁场，出铁场的布置随具体条件而异。目前 1000~2000m³ 高炉多数设两个出铁口，2000~3000m³ 高炉设 2~3 个出铁口，对于 4000m³ 以上的巨型高炉则设 4 个出铁口，轮流使用，基本上连续出铁。

9.1.2　渣铁沟和撇渣器

9.1.2.1　主铁沟

从高炉出铁口到撇渣器之间的一段铁沟叫主铁沟，其构造是在 80mm 厚的铸铁槽内，砌一层 115mm 的黏土砖，上面捣以碳素耐火泥。容积大于 620m³ 的高炉主铁沟长度为 10~14m，小高炉为 8~11m，过短会使渣铁来不及分离。主铁沟的宽度是逐渐扩张的，这样可以减小渣铁流速，有利于渣铁分离，一般铁口附近宽度为 1m，撇渣器处宽度为 1.4m 左右。主铁沟的坡度，一般大型高炉为 9%~12%，小型高炉为 8%~10%，坡度过小渣铁流速太慢，延长出铁时间；坡度过大流速太快，降低撇渣器的分离效果。为解决大型高压高炉在剧烈的喷射下，渣铁难分离的问题，主铁沟加长到 15m，加宽到 1.2m，深度增大到 1.2m，坡度可以减小到 2%。

9.1.2.2　撇渣器

撇渣器又称渣铁分离器、砂口或小坑，其示意图见图 9-2。它是利用渣铁的密度不同，用挡渣板把下渣挡住，只让铁水从下面穿过，达到渣铁分离的目的。近年来对撇渣器进行了不断改进，如用炭捣或炭砖砌筑的撇渣器，寿命可达 1 周至数月。通过适当增大撇渣器内贮存的铁水量，一般在 1t 以上，上面盖以焦末保温，可以 1 周至数周放一次残铁。

由于主铁沟和撇渣器的清理与修补工作是在高温下进行的，劳动条件十分恶劣，工作非常艰巨，往往由

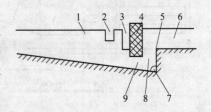

图 9-2　撇渣器示意图
1—主铁沟；2—下渣沟砂坝；3—残渣沟砂坝；
4—挡渣板；5—沟头；6—支铁沟；
7—残铁孔；8—小井；9—砂口眼

于修理时间长而影响正点出铁。因此，目前大中型高炉多做成活动主铁沟和活动撇渣器，可以在炉前平台上冷态下修好，定期更换。更换时分别将它们整体吊走，换以新做好的主铁沟和撇渣器。

9.1.2.3 支铁沟和渣沟

支铁沟的结构与主铁沟相同，坡度一般为 5%～6%，在流嘴处可达 10%。

渣沟的结构是在 80mm 厚的铸铁槽内捣一层垫沟料，铺上河沙即可，不必砌砖衬，这是因为渣液遇冷会自动结壳。渣沟的坡度在渣口附近较大，约为 20%～30%，流嘴处为 10%，其它地方为 6%。下渣沟的结构与渣沟结构相同。为了控制渣、铁流入指定流嘴，有渣、铁闸门控制。

9.1.3 摆动溜嘴

摆动溜嘴安装在出铁场下面，其作用

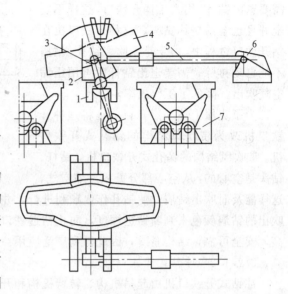

图 9-3 摆动溜嘴
1—支架；2—摇台；3—摇臂；4—摆动溜嘴；
5—曲柄-连杆传动装置；6—驱动装置；7—铁水罐车

是把经铁水沟流来的铁水注入出铁场平台下的任意一个铁水罐中。设置摆动溜嘴的优点是：缩短了铁水沟长度，简化了出铁场布置；减轻了修补铁沟的作业。

摆动溜嘴由驱动装置、摆动溜嘴本体及支座组成，如图 9-3 所示。电动机通过减速机、曲柄带动连杆，使摆动溜嘴本体摆动。在支架和摇台上设有限止块，为减轻工作中出现的冲击，在连杆中部设有缓冲弹簧。一般摆动角度为 30°，摆动时间 12s。在采用摆动溜嘴时，需要有两个铁水罐列。

9.2 炉前主要设备

炉前设备主要有开铁口机、堵铁口泥炮、堵渣机、换风口机、炉前吊车等。

9.2.1 开铁口机

开铁口机就是高炉出铁时打开出铁口的设备。为了保证炉前操作人员的安全，现代高炉打开铁口的操作都是机械化、远距离进行的。

开铁口机必须满足以下要求：开铁口时不得破坏泥套和覆盖在铁口区域炉缸内壁上的泥包；能远距离操作，工作安全可靠；外形尺寸应尽可能小，并当打开出铁口后能很快撤离出铁口；开出的出铁口孔道应具有一定倾斜角度、满足出铁要求的直线孔道。

开铁口机按其动作原理分为钻孔式和冲钻式两种。目前高炉普遍采用气动冲钻式开铁口机。

9.2.1.1 钻孔式开铁口机

钻孔式开铁口机结构比较简单，它吊挂在可作回转运动的横梁上，送进和退出由人力或卷扬机来完成。钻孔式开铁口机旋转机构示意图见图 9-4。

钻孔式开铁口机的特点是结构简单，制造安装方便，因而被中小高炉广泛采用。其主要缺点是钻杆在电动机驱动下只做旋转运动，而不能做冲击运动，当钻头快要钻到终点时，需要退出钻杆,用人工捅开铁口,这样不安全并且也容易烧坏钻头。这种开铁口机在钻开铁口过程中,由于是无吹风钻孔,钻屑不能自动排除,需要退出钻杆后再用压缩空气吹出,降低了工作效率。

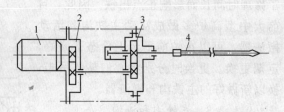

图 9-4　钻孔式开铁口机旋转机构示意图
1—电动机;2、3—齿轮减速器;4—钻杆

　　为了克服上述缺点,目前已将这种开铁口机改为带吹风结构的钻孔式开铁口机。带吹风结构的钻孔式开铁口机,钻杆、钻头是空心的,从空心部分鼓入压缩空气,这样能及时吹出钻屑,使钻孔作业顺利进行,并且钻头在钻进过程中得以冷却,还可根据吹出的钻屑颜色来判断钻进深度,防止钻透铁口。带吹风结构的钻孔式开铁口机工作效率高,安全可靠,结构紧凑,因此得到广泛应用。

9.2.1.2　冲钻式开铁口机

　　冲钻式开铁口机由起吊机构、转臂机构和开口机构组成。开口机构中钻头以冲击运动为主,同时通过旋转机构使钻头产生旋转运动,即钻头既可以进行冲击运动又可以进行旋转运动。

　　开铁口时,通过转臂机构和起吊机构,使开口机构处于工作位置,先在开口机构上安装好带钻头的钻杆。开铁口过程中,钻杆先只做旋转运动,当钻杆以旋转方式钻到一定深度时,开动正打击机,钻头旋转、正打击前进,直到钻头钻到规定深度时才退出钻杆,并利用开口机上的换钎装置卸下钻杆,再装上钎杆,将钎杆送进铁口通道内,开动打击机,进行正打击,钎杆被打入到铁口前端的堵泥中,直到钎杆的插入深度达到规定深度时停止打击,并松开钎杆连接机构,开口机便退回到原位,钎杆留在铁口内。到放铁时,开口机开到工作位置,钳住插在铁口中的钎杆,进行逆打击,将钎杆拔出,铁水便立即流出。

　　冲钻式开口机的特点是:钻出的铁口通道接近于直线,可减少泥炮的推泥阻力;开铁口速度快,时间短;自动化程度高,大型高炉多采用这种开铁口机。

9.2.2　堵铁口泥炮

　　堵铁口泥炮是用来堵铁口的设备。对泥炮的要求是:泥炮工作缸应具有足够的容量,能供给需要的堵铁口泥量,有效地堵塞出铁口通道和修补炉缸前墙,使前墙厚度达到所要求的出铁口深度;活塞应有足够的推力,以克服较密实的堵铁口泥的最大运动阻力,并将堵铁口泥分布在炉缸内壁上;工作可靠,能适应高炉炉前高温、多粉尘、多烟气的恶劣环境;结构紧凑,高度矮小;维修方便。

　　按驱动方式可将泥炮分为汽动泥炮、电动泥炮和液压泥炮 3 种。汽动泥炮采用蒸汽驱动,由于泥缸容积小,活塞推力不足,已被淘汰。随着高炉容积的大型化和无水炮泥的使用,要求泥炮的推力越来越大,电动泥炮已难以满足现代大型高炉的要求,只能用于中、小型常压高炉。现代大型高炉多采用液压矮泥炮。

9.2.2.1　电动泥炮

　　电动泥炮主要由打泥机构、压紧机构、锁炮机构和转炮机构组成。

　　电动泥炮打泥机构的主要作用是将炮筒中的炮泥按适宜的吐泥速度打入铁口,其结构示意图见图 9-5。当电动机旋转时,通过齿轮减速器带动螺杆回转,螺杆推动螺母和固定在螺母上的活塞前进,将炮筒中的炮泥通过炮嘴打入铁口。

压紧机构的作用是将炮嘴按一定角度插入铁口,并在堵铁口时把泥炮压紧在工作位置上。

转炮机构要保证在堵铁口时能够回转到对准铁口的位置,并且在堵完铁口后退回原处,一般可以回转180°。

电动泥炮虽然基本上能满足生产要求,但也存在着不少问题,主要是:活塞推力不足,受到传动机构的限制,如果再提高打泥压力,会使炮身装置过于庞大;螺杆与螺母磨损快,维修工作量大;调速不方便,容易出现炮嘴冲击铁口泥套的现象,不利于泥套的维护。液压泥炮克服了上述电动泥炮的缺点。

9.2.2.2 液压泥炮

液压泥炮由液压驱动。转炮用液压马达,压炮和打泥用液压缸,它的特点是体积小,结构紧凑,传动平稳,工作稳定,活塞推力大,能适应现代高炉高压操作的要求。但是,液压泥炮的液压元件要求精度高,必须精心操作和维护,以避免液压油泄漏。

现代大型高炉多采用液压矮泥炮。所谓矮泥炮是指泥炮在非堵铁口和堵铁口位置时,均处于风口平台以下,不影响风口平台的完整性。

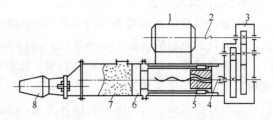

图 9-5 电动泥炮打泥机构
1—电动机;2—联轴器;3—齿轮减速器;4—螺杆;
5—螺母;6—活塞;7—炮泥;8—炮嘴

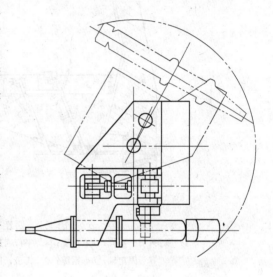

图 9-6 MHG60 型液压矮泥炮

宝钢1号高炉采用的是MHG60型液压矮泥炮,如图9-6所示。这是当今世界上打泥能力最大——6000kN、工作油压最高——35MPa、自动化程度最高——可手动、自动、无线电遥控的液压泥炮。生产实践证明,这种泥炮工作可靠,故障很少,适合于大型高炉。

堵铁口泥炮的泥缸容积和打泥压力,随高炉容积和炉缸压力大小的不同而不同,其主要参数见表9-1。

表 9-1 泥炮主要参数

高炉容积/m³	250	620	1000~1500	2000~2500	4000
高炉风机风压/MPa	0.17	0.25	0.35	0.40	0.45
泥缸有效容积/m³	0.1	0.15	0.2	0.25	0.25
泥缸活塞压力/MPa	5.0	7.5	10.0	12.0	16.7
吐泥速度/m·s⁻¹	0.2	0.32	0.35	0.2	0.27

9.2.3　堵渣口机

堵渣口机是用来堵塞渣口的设备。对堵渣口机的要求是：工作可靠，能远距离操作；塞头进入渣口的轨迹应近似于一条直线；结构简单、紧凑；能实现自动放渣。

堵渣口机常用铰接的平行四连杆机，如图 9-7 所示。堵渣机的塞杆和塞头均为空心的，其内通水冷却，塞头堵入渣口，在冷却水的作用下熔渣凝固，起封堵作用。放渣时，堵渣机塞头离开渣口后，人工用钢钎捅开渣壳，熔渣就会流出。这样操作很不方便，且不安全，因此，这种水冷式的堵渣机已逐渐淘汰。由吹风式的堵渣机所代替。

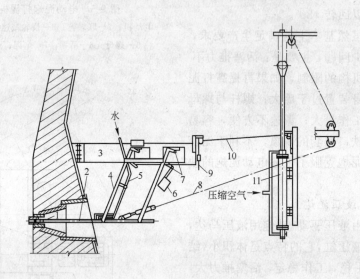

图 9-7　四连杆式堵渣机

1—塞头；2—塞杆；3—框架；4—平行四连杆；5—塞头冷却水管；6—平衡重锤；
7—固定轴；8—钢绳；9—钩子；10—操纵钩子的钢绳；11—气缸

吹风式堵渣机，其构造与水冷式堵渣机相同，只是塞杆变成一个空腔的吹管，在塞头上也钻了孔，中心有一个孔道。堵渣时，高压空气通过孔道吹入高炉炉缸内，由于塞头中心孔在连续不断地吹入压缩空气，这样，渣口就不会结壳。放渣时拔出塞头，熔渣就会自动放出，无须再用人工捅穿渣口，放渣操作方便。塞头内通压缩空气不仅起冷却塞头的作用，而且压缩空气吹入炉内，还能消除渣口周围的死区，延长渣口寿命。

9.2.4　换风口机

高炉风口烧坏后必须立即更换。过去普遍采用人工更换风口，不仅工作艰巨，而且更换时间长，影响高炉生产。随着高炉容积的大型化，风口数目增多，重量增加，要求缩短更换风口的时间，人工更换风口已不能适应高炉操作的要求。因此，大型高炉多采用换风口机来更换风口。对换风口机的要求是：操作简单方便，灵活可靠，运转迅速、适应性强，耐高温性能与耐冲击性能好。

换风口机按其走行方式，可分为吊挂式和炉前地上走行式两类。吊挂式换风口机结构如图 9-8 所示。它主要由小车运行机构、立柱回转及升降机构、挑杆伸缩机构、挑杆摆动机构、挑杆冲击机构及卷扬机构等组成。

换风口机吊挂在小车上，小车在热风围管下面的工字梁环形轨道上运行。环形轨道设

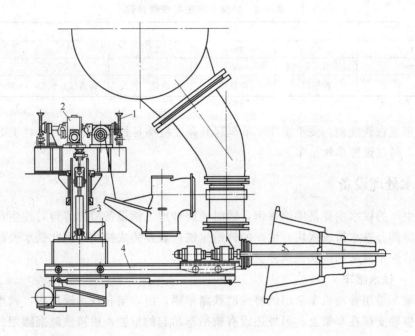

图 9-8 吊挂式换风口机
1—吊挂梁；2—吊挂小车；3—立柱；4—伸缩臂；5—挑杆

计成双轨，以承受由风口、直吹管等引起的水平推力。也有的换风口机轨道，设计成单轨道，小车运行由电动机驱动。

在换风口的操作过程中，挑杆需要通过立柱的回转机构和升降机构来完成回转和升降运动。立柱的回转运动为手动，其升降运动用液压缸来完成。在取装风口及直吹管时，挑杆还需要做伸缩移动。在取下风口时，伸缩臂完全伸出，同时带有挑杆的小车借助卷扬钢绳的牵引，走到伸缩臂头部，使拉钩伸入到炉内勾住风口，然后利用液压锤冲击挑杆，冲击风口，使其松动，再用挑杆将风口拉出。此时，要求伸缩臂缩回，带有挑杆的小车退回到伸缩臂的尾部，最后将风口从挑杆上取下。利用挑杆挑起或放下风口及直吹管时，均要求挑杆做上下摆动，挑杆的摆动是用两个油缸来完成的。卸风口时需要用卷扬机先将弯头吊起，再卸下直吹管和风口。

装风口时，需要用液压锤给挑杆以相反方向的冲击力，使新装的风口紧固。装卸风口的液压锤分为装风口锤和卸风口锤。两锤安装在同一根轴上，且结构相同，只是活塞冲程不同，安装方向相反。

9.2.5 炉前吊车

为了减轻炉前劳动强度，250m^3 以上的高炉均应设置炉前吊车。炉前吊车主要用于吊运炉前的各种材料，清理渣铁沟，更换主铁沟、撇渣器和检修炉前设备等。炉前吊车一般为桥式吊车，其走行轨道设置在出铁场厂房两侧支柱上。我国部分高炉炉前吊车性能见表 9-2。

吊车的主要设计参数有吨位、跨距和起升高度。

吊车吨位的确定，要根据炉前最重设备来考虑。吊车跨距有 3 种形式：同时跨渣线与铁线；只跨其中一线；只能在出铁场内运行。一般大型高炉应该考虑跨渣线、铁线。吊车

表 9-2   炉前吊车主要性能参数

高炉容积/m³	620	1000	1500	2000	2500
吊车吨位/t	10	15/3	20/5	20/5	20/5
吊车跨距/m	19.5	22.5	25.5	25.5	25.5
工作范围	跨铁线	跨铁线	跨渣线、铁线	跨渣线、铁线	跨渣线、铁线

司机室应布置在铁线侧，便于操作。吊车起升高度应满足最高起升能力。对于100m³以下的小高炉，可以设置单轨吊车。

9.3   铁水处理设备

高炉生产的铁水主要是供给炼钢，同时还要考虑炼钢设备检修等暂时性生产能力配合不上时，将部分铁水铸成铁块；生产的铸造生铁一般要铸成铁块，因此铁水处理设备包括运送铁水的铁水罐车和铸铁机两种。

9.3.1   铁水罐车

铁水罐车是用普通机车牵引的特殊的铁路车辆，由车架和铁水罐组成，铁水罐通过本身的两对枢轴支撑在车架上。另外还设有被吊车吊起的枢轴，供铸铁时翻罐用的双耳和小轴。铁水罐由钢板焊成，罐内砌有耐火砖衬，并在砖衬与罐壳之间填以石棉绝热板。

铁水罐车可以分为两种类型：上部敞开式和混铁炉式，如图 9-9 所示。图 9-9a 为上部

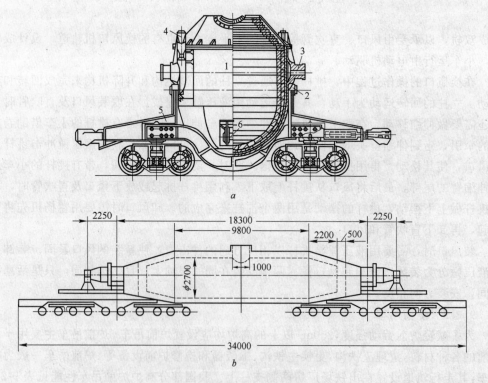

图 9-9   铁水罐车

a—上部敞开式铁水罐车；b—420t混铁炉式铁水罐车

1—锥形铁水罐；2—枢轴；3—耳轴；4—支承凸爪；5—底盘；6—小轴

敞开式铁水罐车，这种铁水罐散热量大，但修理铁水罐比较容易。图 9-9b 为混铁炉式铁水罐车，又称鱼雷罐车，它的上部开口小散热量也小，有的上部可以加盖，但修理罐较困难。由于混铁炉式铁水罐车容量较大，可达到 200～600t，大型高炉上多使用混铁炉式铁水罐车。炉容不同，所用铁水罐车也不同，我国常用的几种铁水罐车性能参数见表 9-3。

表 9-3　常用铁水罐车性能参数

型号	容量/t	满载时总重/t	吊耳中心距/mm	车钩舌内侧距/mm	通过轨道最小曲率半径/m	自重/t	外形尺寸（长×宽×高）/mm
ZT-35-1	35	46.4	3050	6580	25	24.0	6730×3250×2700
ZT-65-1	65	85.9	3620	8200	40	39.3	8350×3580×3664
ZT-100-1	100	127.5	3620	8200	40	49.2	8350×3600×4210
ZT-140-1	140	170.8	4250	9550	80	59.3	9700×3700×4500

9.3.2　铸铁机

铸铁机是把铁水连续铸成铁块的机械化设备。

铸铁机是一台倾斜向上的装有许多铁模和链板的循环链带，如图 9-10 所示。它环绕着

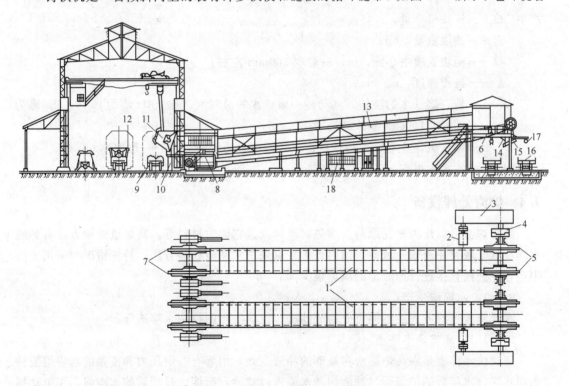

图 9-10　铸铁机及厂房设备图

1—链带；2—电动机；3—减速器；4—联轴器；5—传动轮；6—机架；7—导向轮；8—铸台；
9—铁水罐车；10—倾倒铁水罐用的支架；11—铁水罐；12—倾倒耳；13—长廊；14—铸铁槽；
15—将铸铁块装入车皮用的槽；16—车皮；17—喷水用的喷嘴；18—喷石灰浆的小室

上下两端的星形大齿轮运转，上端的星形大齿轮为传动轮，由电动机带动，下端的星形大齿轮为导向轮，其轴承位置可以移动，以便调节链带的松紧度。按辊轮固定的形式，铸铁机可分为两类：一类是辊轮安装在链带两侧，链带运行时，辊轮沿着固定轨道前进，称为辊轮移动式铸铁机；另一类是把辊轮安装在链带下面的固定支座上，支撑链带，称为固定辊轮式铸铁机。

装满铁水的铁模在向上运行一段距离后，一般为全长的三分之一，铁水表面冷凝，开始喷水冷却。冷却水耗量为 1～1.5t/t 铁。当链带绕过上端的星形大齿轮时，已经完全凝固的铁块，便脱离铁模，沿着铁槽落到车皮上。空链带从铸铁机下面返回，途中向铁模内喷一层 1～2mm 厚的石灰与煤泥的混合泥浆，以防止铁块与铁模粘结。

铸铁机的生产能力，取决于链带的速度和倾翻卷扬速度及设备作业率等因素，链带速度一般为 5～15m/min，过慢会降低生产能力，过快则冷却时间不够，易造成"淌稀"现象，使铁损增加，铁块质量变差，同时也加速铸铁机设备零件的磨损。链带速度还应与链带长度配合考虑，链带长度短时不利于冷却，太长会使设备庞大，在铁模的预热等措施跟不上时，模子温度不够，喷浆效果就差，可能造成粘模子等。一般选择铸铁机时，根据昼夜最大商品生铁产量来确定，常用的双链带铸铁机可按下式计算：

$$Q = 2 \times \frac{60 \times 24}{1000} \times \frac{PV}{l} K_1 K_2 K_3 \tag{9-1}$$

式中　Q——铸铁机产量，t/昼夜；

　　　P——铁块重量，kg；

　　　l——两块铁模中心距，m，一般取 300mm 左右；

　　　V——链带速度，m/min；

　　　K_1——铸一罐铁水的浇铸时间与铸一罐铁水的总时间之比，35t 罐为 0.46；65t 罐为 0.54，100t 罐为 0.625；

　　　K_2——铸铁机作业率，即铸铁机作业时间与日历时间之比，一般取 0.69；

　　　K_3——铁水收得率，一般取 0.975。

9.4　炉渣处理设备

高炉炉渣可以作为水泥原料、隔热材料以及其它建筑材料等。高炉渣处理方法有炉渣水淬、放干渣及冲渣棉。目前，国内高炉普遍采用水冲渣处理方法，特殊情况时采用干渣生产，在炉前直接进行冲渣棉的高炉很少。

9.4.1　水淬渣生产

水淬渣按过滤方式的不同可分为底滤法、拉萨法和图拉法水淬渣等。

9.4.1.1　底滤法水淬渣（OCP）

底滤法水淬渣是在高炉熔渣沟端部的冲渣点处，用具有一定压力和流量的水将熔渣冲击而水淬。水淬后的炉渣通过冲渣沟随水流入过滤池，沉淀、过滤后的水淬渣，用电动抓斗机从过滤池中取出，作为成品水渣外运。

冲渣点处喷水嘴的安装位置应与熔渣沟和冲渣沟位置相适应，要求熔渣沟、喷水嘴和冲渣沟三者的中心线在一条垂直线上，喷水嘴的倾斜角度应与冲渣沟坡度一致，补充水的喷嘴设置在主喷水嘴的上方，主喷水嘴喷出的水流呈带状，水带宽度大于熔渣流股的宽度。

喷水嘴一般用钢管制成，出水口为扁状或锥状，以增加喷出水的速度。

冲渣沟一般采用 U 形断面，在靠近喷嘴 10～15m 段最好采用钢结构或铸铁结构槽，其余部分可以采用钢筋混凝土结构或砖石结构。冲渣沟的坡度一般不小于 3.5％，进入渣池前 5～10m 段，坡度应减小到 1％～2％，以降低水渣流速，有利于水渣沉淀。

冲渣点处的水量和水压必须满足熔渣粒化和运输的要求。水压过低，水量过小，熔渣无法粒化而形成大块，冲不动，堆积起来难以排除。更为严重的是熔渣不能迅速冷却，内部产生蒸汽，容易造成"打炮"事故。冲渣水压一般应大于 0.2～0.4MPa，渣、水重量比为 1∶8～1∶10，冲渣沟的渣水充满度为 30％左右。

高炉车间有两座以上的高炉时，一般采取两座高炉共用一个冲渣系统。冲渣沟布置于高炉的一侧，并尽可能缩短渣沟，增大坡度，减少拐弯。

9.4.1.2 拉萨法水淬渣（RASA）

拉萨法水淬渣的特点是水淬后的渣浆通过管道输送到离高炉较远的地方，再进行脱水等处理。该法优点是：工艺布置灵活，炉渣粒化充分，成品渣含水量低，质量高，冲渣时产生的大量有害气体经过处理后排空，避免了有害气体污染车间环境。其缺点是设备复杂，耗电量大，渣泵及运输管道容易磨损等。

宝钢 1 号高炉采用拉萨法水冲渣工艺流程，如图 9-11 所示。主要设备包括吹制箱、粗粒分离槽、中继槽、脱水槽、沉淀池、冷却塔、水池及输送泵等。高炉的两个出铁场各设一套水淬渣装置及粗粒分离系统，通过渣泵和中继泵将渣浆输送到共用的水处理设施进行脱水、沉淀和冷却。

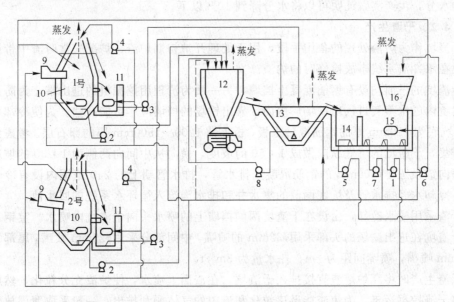

图 9-11　宝钢 1 号高炉拉萨法水冲渣流程示意图

1—给水泵；2—水渣泵；3—中继泵；4—冲洗泵；5—冷却泵；6—液面调整泵；
7—搅拌泵；8—排泥泵；9—水渣沟；10—粗粒分离槽；11—中继槽；
12—脱水槽；13—沉淀池；14—温水槽；15—给水槽；16—冷却塔

9.4.1.3　图拉法水淬渣

图拉法水淬渣工艺的原理是用高速旋转的机械粒化轮配合低转速脱水转鼓处理熔渣，工艺设备简单，耗水量小，渣水比为 1：1，运行费用低，可以处理含铁量小于 40% 的熔渣，不需要设干渣坑，占地面积小。唐钢 2560m³ 高炉炉渣处理系统采用了该工艺。

图拉法水淬渣的工艺流程如图 9-12 所示。高炉出铁时，熔渣经渣沟流到粒化器中，被高速旋转的水冷粒化轮击碎，同时，从四周向碎渣喷水，经急冷后渣粒和水沿护罩流入脱水器中，被装有筛板的脱水转筒过滤并提升，转到最高点落入漏斗，滑入皮带机上被运走。滤出的水在脱水器外壳下部，经溢流装置流入循环水罐中，补充新水后，由粒化泵（主循环泵）抽出进入下次循环。循环水罐中的沉渣由气力提升机提升至脱水器再次过滤，渣粒化过程中产生的大量蒸汽经烟囱排入大气。在生产中，可随时自动或手动调整粒化轮、脱水转筒和溢流装置的工作状态来控制成品渣的质量和温度。成品渣的温度为 95℃ 左右，利用此余热可以蒸发成品渣中的水分，生产实践证明可以将水分降到 10% 以下。

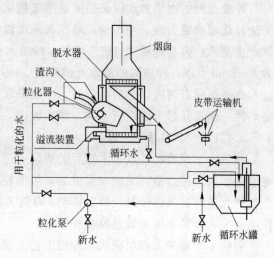

图 9-12　图拉法水淬渣工艺流程图

9.4.2　干渣生产

干渣坑作为炉渣处理的备用手段，用于处理开炉初期炉渣、炉况失常时渣中带铁的炉渣以及在水冲渣系统事故检修时的炉渣。

干渣坑的三面均设有钢筋混凝土挡墙，另一面为清理用挖掘机的进出端，为防止喷水冷却时坑内的水蒸气进入出铁场厂房内，靠出铁场的挡墙应尽可能高些。为使冷却水易于渗透，坑底为 120mm 厚的钢筋混凝土板，板上铺 1200～1500mm 厚的卵石层。考虑到冷却水的排集，干渣坑的坑底纵向做成 1：50 的坡度，横向从中间向两侧为 1：30 的坡度。底板上横向铺设三排 ϕ300mm 的钢筋混凝土排水管，排水管朝上的 240° 范围内设有冷却水渗入孔，冷却水经排水管及坑底两侧的集水井和排水沟流入循环水系统的回水池。

干渣采用喷水冷却，由设在干渣坑两侧挡墙上的喷水头向干渣坑内喷水。宝钢 1 号高炉的干渣坑在进出铁场的头部采用 ϕ32mm 的喷嘴，中间部分采用 ϕ25mm 喷嘴，尾部采用双层 ϕ25mm 喷嘴，喷嘴间距为 2m，耗水量为 3m³/t。

干渣生产时将高炉熔渣直接排入干渣坑，在渣面上喷水，使炉渣充分粒化，然后用挖掘机将干渣挖掘运走。为使渣能迅速粒化和渣中的气体顺利排出。一般采取薄层放渣和多层放渣，一次放出的熔渣层厚度以 10mm 左右为宜。干渣坑的容量取决于高炉容积大小和采掘机械设备的型式。

9.4.3　渣棉生产

在渣流嘴处引出一股渣液，以高压蒸汽喷吹，将渣液吹成微小飞散的颗粒，每一个小颗粒都牵有一条渣丝，用网笼将其捕获后再将小颗粒筛掉即成渣棉。

渣棉容重小,热导率低,耐火度较高,约800℃左右,可做隔热、隔音材料。

9.4.4 膨渣生产

膨胀的高炉渣渣珠,简称膨渣。它具有质轻、强度高、保温性能良好的特点,是理想的建筑材料,目前已用于高层建筑。

膨渣生产工艺见图9-13。高炉渣由渣罐倒入或直接流入接渣槽,由接渣槽流入膨胀槽,在接渣槽和膨胀槽之间设有高压水喷嘴,熔渣被高压水喷射、混合后立即膨胀,沿膨胀槽向下流到滚筒上,滚筒以一定速度旋转,使膨胀渣破碎并以一定角度抛出,在空中快速冷却然后落入集渣坑中,再用抓斗抓至堆料场堆放或装车运走。

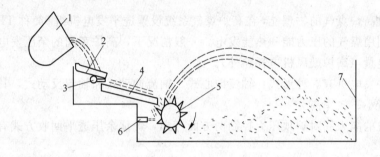

图 9-13　膨渣生产工艺示意图

1—渣罐;2—接渣槽;3—高压喷水管;4—膨胀槽;5—滚筒;6—冷却水管;7—集渣坑

生产膨渣,要尽量减少渣棉生成量,而膨胀槽和滚筒的距离对渣棉的产生有重要影响,如果距离近则会排出一股风,容易将熔渣吹成渣棉,所以距离要远些,以减小这股风力,减少渣棉量。

10 能源回收利用

10.1 高炉炉顶余压发电

为了回收高炉煤气的物理能,在高炉煤气系统设置透平发电机组(简称 TRT),与调压阀组并联,利用煤气的压力能和热能发电。一般情况下,高炉车间的余压发电能满足高炉车间自身用电量(高炉鼓风机电耗除外)。

高炉透平发电机有 3 种形式:轴流向心式、轴流冲动式和轴流反动式,其中轴流反动式透平机质量小、效率高。

从透平机的能力和对炉顶压力控制两方面考虑,炉顶余压透平回收方式有 3 种,见图 10-1。

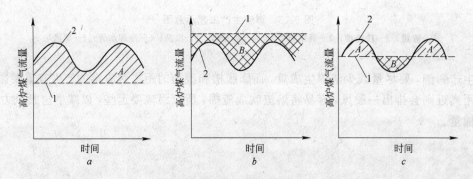

图 10-1　炉顶余压透平回收方式

1—透平机最大设计流量;2—高炉产生的煤气量

A—由调压阀组控制煤气流量;B—由透平机控制煤气流量

(1) 部分回收方式。设计通过透平机的最大煤气量小于高炉产生的煤气量。高炉正常生产情况下,通过透平机的煤气量保持不变,炉顶煤气压力由调压阀组控制,见图 10-1a;

(2) 全部回收方式。设计通过透平机的最大煤气量大于高炉产生的煤气量,炉顶煤气压力由透平机调速阀或静叶自动调节控制,见图 10-1b;

(3) 平均回收方式。设计通过透平机的最大煤气量,为高炉生产产生煤气量波动幅度的平均值,炉顶煤气压力由调压阀组和透平机分别控制,当高炉煤气量小于透平机设计流量时,由透平机控制;当高炉煤气量大于透平机设计流量时,由调压阀组控制,见图 10-1c。

平均回收方式的发电能力较高,设备投资低,投资回收期最短,而且又能保证高炉炉顶压力的稳定。

宝钢 1 号高炉 TRT 采用平均回收方式,工艺设计参数如下:

通过最大煤气量　　　　　　　　　670000m³/h·台

入口管交接点煤气压力	0.22MPa（表压）
出口管交接点煤气压力	0.13MPa（表压）
入口煤气温度	55℃
高炉煤气相对湿度	100%
煤气中机械水含量	小于 $7g/m^3$
入口煤气含尘量	小于 $10mg/m^3$
出口煤气含尘量	小于 $3mg/m^3$
额定发电能力	17440kW

TRT 煤气入口从二级文氏管后的煤气管道接出，TRT 煤气出口管道与调压阀组后的高炉煤气主管相连，其平面布置见图 10-2。在 TRT 的入口煤气管道上，依次设有入口电动蝶阀、眼镜阀、紧急切断阀、调速阀等。在 TRT 的出口煤气管道上，依次设有 NK 阀及除雾器。

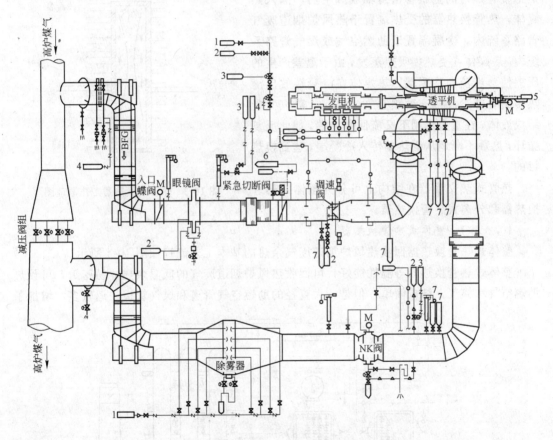

图 10-2 宝钢 TRT 系统平面布置图
1—工业用水；2—氮气；3—仪表氮气；4—蒸汽；5—润滑油；6—控制油；7—回收水

眼镜阀的作用是在透平机停止运行时完全切断高炉煤气。当 TRT 需要与煤气系统切断时，首先关闭入口电动蝶阀，降低眼镜阀前后的压差，这样有利于眼镜阀的关闭。紧急切断阀用于在 TRT 系统出故障时迅速切断高炉煤气，是保证高炉正常生产的重要设备。此外，在紧急切断阀的旁通管道上设置一个电动蝶阀作为均压阀，在开启紧急切断阀前，先打开均压阀，使紧急切断阀在均压状态下开启。在紧急切断阀后设置调速阀，用于控制炉顶压力，调速阀的动作由电气调节器控制。这样，既能保持透平机最高的发电效率，又不影响高炉炉顶压力的稳定。

　　TRT设施与高炉煤气净化系统有密切关系，因此，在平面布置时应尽量缩短两者间距离。

10.2　热风炉烟道废气余热回收

　　余热回收装置的作用是利用热风炉烟道废气来预热助燃空气和煤气，有效回收热风炉烟道废气的显热。目前常用的余热回收装置有热管式换热器和热媒式换热器两种。

10.2.1　热管式换热器

　　热管式换热器的工作原理如图10-3所示，它是把带有翅片的金属管密封抽成真空后，灌入热媒体，热管换热器的受热端置于热风炉烟道废气管路系统内，冷凝端置于助燃空气或煤气管路系统内。热媒体在受热端吸热蒸发，由于温差产生的压差使蒸汽流向冷凝端，热媒体在冷凝端放出潜热传给管外冷源——助燃空气或煤气，蒸汽又凝结成液体，在重力作用下又流回受热端，如此反复循环，热量不断地从受热端传入冷凝端，达到换热目的。

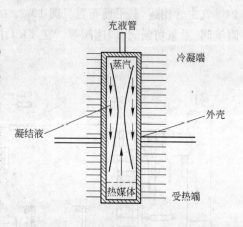

图10-3　热管式换热器工作原理图

　　热管式热交换器在结构上可分为整体式热管换热器和分离式热管换热器。

10.2.1.1　整体式热管换热器

　　整体式热管换热器回收热风炉烟道废气余热的基本工艺流程如图10-4所示。

　　整体式热管换热器等温性能好，可回收热风炉烟道废气的低温余热，易密封，可预热助燃空气和煤气，结构简单。但是，大直径的助燃空气管道和煤气管道往返较多，增加了

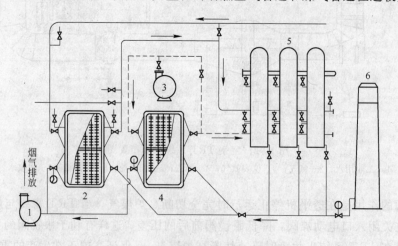

图10-4　整体式热管换热器工艺流程

1—引风机；2—煤气换热器；3—助燃风机；4—空气换热器；5—热风炉；6—烟囱

投资,工作温度受热媒体的限制,并且管道容
易破裂。

10.2.1.2 分离式热管换热器

分离式热管换热器的工作原理如图 10-5
所示,与整体式热管换热器的区别在于分离
式热管的受热端和冷凝端置于不同的换热器
内,受热端和冷凝端之间用蒸汽连接管与液
体连接管相连,热媒体在受热端被热风炉烟
道废气加热成蒸汽,通过蒸汽连接管送到冷
凝端。蒸汽在冷凝端被煤气或助燃空气冷却
后凝结成液体,冷凝液通过液体连接管返回
到受热端,液体的返回是由受热端与冷凝端
位置的高差实现的,如此不断循环,实现热量

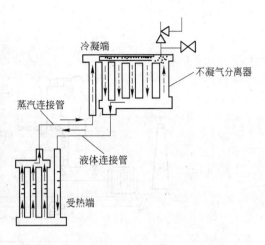

图 10-5 分离式热管换热器的工作原理

的连续传递。在热管的冷凝端,还有不凝性气体分离装置,产生的不凝性气体可随时排放。

分离式热管换热器的典型流程如图 10-6 所示。这种换热器设备制造比较容易,易于大
型化,高架布置,占地面积小,布置灵活。其缺点是热管受热端和冷凝端的分离距离和高
差有一定限制。

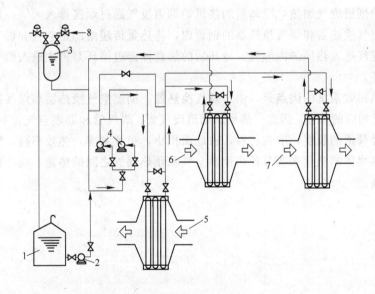

图 10-6 分离式热管换热器工艺流程

1—热媒体贮存罐;2—供给泵;3—膨胀罐;4—循环泵;

5—热风炉烟道废气;6—助燃空气;7—煤气;8—氮气

10.2.2 热媒式换热器

热媒式换热器工艺流程见图 10-7,主要设备包括烟气换热器、助燃空气换热器、煤气
换热器、循环泵、热媒体贮罐、膨胀罐、供给泵等。

热媒式换热器的工作原理是:热媒体在循环泵的强制驱动下流入烟气换热器中的钢管

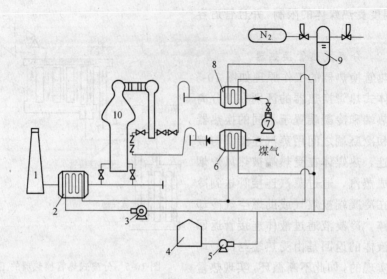

图 10-7　热媒式换热器工艺流程

1—烟囱；2—烟气换热器；3—循环泵；4—热媒体贮罐；5—供给泵；6—煤气换热器；

7—助燃风机；8—助燃空气换热器；9—膨胀罐；10—外燃式热风炉

内而被热风炉烟道废气加热，冷却后的热风炉烟道废气通过烟囱排入大气，加热后的热媒体流入助燃空气换热器和煤气换热器的钢管内，将热量传递给助燃空气和煤气，加热后的助燃空气和煤气送入热风炉内燃烧，冷却后的热媒体经过循环泵再次送入烟气换热器内加热，如此循环。

　　这种余热回收系统的优点是，由于烟气换热器、助燃空气换热器和煤气换热器分开布置，分别靠近相应的管道，因此，热风炉烟道废气管、煤气管和助燃空气管不用往返重复，可缩短大直径管道的长度，节省材料，占地面积小，布置紧凑，热效率高，气密性好，可以通过调节热媒体的流量来调节预热助燃空气和预热煤气之间的热量。缺点是设备比较复杂、投资较高。

参 考 文 献

1 丁泽洲. 钢铁厂总平面设计. 北京：冶金工业出版社，1998

2 中国冶金设备总公司. 现代大型高炉设备及制造技术. 北京：冶金工业出版社，1996

3 张树勋. 钢铁厂设计原理（上册）. 北京：冶金工业出版社，1994

4 万清国. 炼铁设备及车间设计. 北京：冶金工业出版社，1994

5 成兰伯. 高炉炼铁工艺及计算. 北京：冶金工业出版社，1991

6 2000 年炼铁生产技术工作会议暨炼铁年会文集. 国家冶金工业局. 中国金属学会，2000

7 王筱留. 钢铁冶金学（炼铁部分，第 2 版）. 北京：冶金工业出版社，2000

8 章天华　鲁世英. 炼铁，现代钢铁工业技术. 北京：冶金工业出版社，1986

9 罗振才. 冶炼机械设计方法. 北京：冶金工业出版社，1993

10 项钟庸　郭庆弟. 蓄热式热风炉. 北京：冶金工业出版社，1988

11 张光祖. 炼铁学（下册）. 北京：冶金工业出版社，1980

12 高炉长寿技术会议论文集. 中国金属学会，冶金工业部科技司，上海梅山冶金公司，1994

13 炼铁学术年会论文集. 中国金属学会炼铁学会，1993

14 徐矩良　高清举　涂继炜. 炼铁适用技术汇编. 冶金工业部生产司，中国金属学会《钢铁》编辑部，1992

15 王维邦. 耐火材料工艺学（第二版）. 北京：冶金工业出版社，1994

16 李慧. 钢铁冶金概论. 北京：冶金工业出版社，1993

17 薛立基　万真雅. 钢铁冶金设计原理（上册）. 重庆：重庆大学出版社，1992

18 赵润恩. 炼铁工艺设计原理. 北京：冶金工业出版社，1993

19 杨天钧　苍大强　丁玉龙. 高炉富氧煤粉喷吹. 北京：冶金工业出版社，1996

20 杨天钧　刘应书　杨珉. 高炉富氧喷煤——氧煤混合与燃烧. 北京：科学出版社，1998

21 刘凤仪　刘言金　康文进. 高炉喷吹煤粉技术. 冶金工业部炼铁信息网，冶金工业部《炼铁》编辑部

22 张文新. 国内外高炉的生产现状及其发展趋向. 钢铁钒钛，1997，18（2）

23 蒋玲. 高炉长寿技术的新发展. 钢铁研究，1998，（2）

24 王谏元. 高炉长寿钢砖的设计及使用. 重庆钢铁高等专科学校学报，1999，14（2）

25 周有德. 高炉炉缸形成"蒜头状"侵蚀的分析和对策. 钢铁，1998，33（2）

26 叶才彦. 高炉喷煤浓相输送技术的探讨. 钢铁研究，1999，（3）

27 刘菁. 高炉铜冷却壁的应用及探讨. 钢铁研究，2001，（3）

28 张福臣　苑晓春. 高炉矮式液压泥炮. 包钢科技，2001，27（1）

29 谢振远. 漏斗效应研究及其在 HY 型炉顶装置上的应用. 炼铁，1991，（5）

致　谢

　　胡宾生教授在百忙之中审阅了全稿，并提出了许多好的建议；张玉柱教授为本书写了序；李运刚教授在本书的写作和出版过程中给予了大力支持；梁军、王光辉、王杏娟、王英春、尹久超、刘俊敏、李秀刚、李晗晔、项利、郭豪、温丽娟等同志整理了部分插图，在此表示感谢。

冶金工业出版社部分图书推荐

书 名	作 者	定价（元）
高炉生产知识问答	黄一诚 等编	29.80
非高炉炼铁工艺与理论	方 觉 等著	28.00
实用高炉炼铁技术	由文泉 主编	29.00
现代高炉粉煤喷吹	王国维 等编著	19.00
高炉炼铁生产技术手册	周传典 主编	118.00
高炉喷吹煤粉知识问答	汤清华 等编著	25.00
炼铁节能与工艺计算	张玉柱 等编著	19.00
高炉炼铁过程优化与智能控制系统	刘祥官 等著	28.00
钢铁工业自动化·炼铁卷	马竹梧 等编著	40.00
钢铁工业自动化·炼钢卷	马竹梧 等编著	65.00
电炉炼钢原理及工艺	邱绍岐 等编	40.00
冶金传输原理	闫小林 等编著	29.50
电炉炼钢 500 问（第二版）		20.00
电弧炉炼钢工艺与设备（第二版）	沈才芳 等编著	35.00
筑炉手册	葛 霖 主编	106.00
转炉溅渣护炉技术	苏天森 等编	25.00
高炉炼铁理论与操作	宋建成 编著	35.00
炼铁学（上册）	任贵义 主编	38.00
炼铁学（下册）	任贵义 主编	36.00
炼铁计算	那树人 编著	38.00
高炉布料规律	刘云彩 著	30.00
炉外精炼的理论与实践	张 鉴 主编	48.00
新编连续铸钢工艺与设备	王雅贞 等编著	20.00
实用连铸冶金技术	史宸光 主编	35.00
现代电炉——薄板坯连铸连轧	王中丙	98.00
铁矿含碳球团技术	汪琦 著	20.00
冶金炉料手册	刘麟瑞 等编	69.00
钢管连轧理论	王先进 等编著	35.00
轧制过程自动化基础	郑申白 等编著	24.00
冶金研究	王新华 主编	60.00